读完本书　逆流而上

逆流而上

写给年轻人的成长精进指南

莫慢乔 ——— 著

Go Against The Stream

广东经济出版社
·广州·

图书在版编目（CIP）数据

逆流而上／莫慢乔著. —广州：广东经济出版社，2024.10.
—ISBN 978-7-5454-9408-2
I. B848.4-49
中国国家版本馆 CIP 数据核字第 20242DJ694 号

责任编辑：周伊凌　郭艳军
责任校对：李玉娴
责任技编：陆俊帆
封面设计：集力書裝　彭　力

逆流而上
NILIUERSHANG

出 版 人：刘卫平
出版发行：广东经济出版社（广州市水荫路11号11~12楼）
印　　刷：佛山市迎高彩印有限公司印刷
　　　　　（佛山市顺德区陈村镇广隆工业区兴业七路9号）

开　　本：730mm×1020mm　1/32　　印　张：5.25　1插页
版　　次：2024年10月第1版　　　　　印　次：2024年10月第1次
书　　号：978-7-5454-9408-2　　　　　字　数：82千字
定　　价：60.00元

发行电话：(020) 87393830
广东经济出版社常年法律顾问：胡志海律师　法务电话：(020) 37603025
如发现印装质量问题，请与本社联系，本社负责调换。

版权所有·侵权必究

逆流而上十大箴言

1　　能从一次成就走向另一次更大的成就固然很好，但对于某些得不到预期结果的付出，也不必过于担忧。

2　　这个社会时刻都处在变化之中，我们每个人都不可能预测未来，所以，能透过事物表象更快、更精准地看清事物本质的人，极有可能会获得更好的资源，得到更好的发展。

3　　如果你没有背景和资源，那么，好的学历、出色的校园表现，就是你能通过自己的努力去获取回报的资本和底气。

4　　作为企业所有者，所有的核心生产资料必须通过制度的安排和设计，牢牢地把握在自己的手上。

5　　一个人之所以经常感到身不由己，往往都是贫穷惹的祸。这就需要你学习各种财经知识，掌握一些能让钱生钱的法子。

6 　不以能赚多少钱为标准，要以你的兴趣、爱好、能力以及价值观来作为是否值得花费时间的衡量标准。

7 　任何外在形象的加持都只是一时的，最终要取得成功，还得靠你自己。

8 　时间无可复加地累积，要让你的经验变得"独一无二"，从而在这个市场上能获取更高的价格。

9 　自律都是反人性的，所有能做到专注于某件事情的人，是因为这件事背后有既得利益。

10 　重视生命的质量及与生命质量密不可分的因素，是实现人生价值的关键。

序言
PREAMBLE

每个人都必须给自己的人生一份交代

知名歌星刘德华在 2003 年发布了一首回顾自己演艺生涯的歌曲,歌名叫《十七岁》,里面有这样的一段歌词,总能让每个年近四十,或是年已四十的人颇有感触。

"如今我四十看从前 沙哑了声线
回忆我冀望那掌声都依然到今天
那首潮水忘情水 不再经典
仍长埋你的心中从未变"

细细品味整首歌曲,或是去互联网平台搜索关于"刘德华"的相关人生经历,我们会发现原来歌坛常青树

逆流而上

也有他辛酸、苦楚和不易的一面，这像极了大多数没有背景、缺少资源、一穷二白的我们。

大部分人出生时，没有优渥的家境，自身也缺乏先天优势，但总有些人，能在现有的大环境之下突围而出。

在现实中，有人会被应试教育的洪流冲垮导致学无所成；有人会被机械式的工作吞噬导致一生碌碌无为；更有人会被创业做生意弄得身败名裂负债累累。有人却能在逆境中，把握住了应试教育的机会而成为某个专业领域的佼佼者；也有人在职业生涯中努力攀登成为企业的中流砥柱；更有人因为创业而取得成功。

成功者的路径一定无法被直接复制，但成功者的路径却值得我们细致入微地观察和进行剖析。在成功者的实践路径中，我们多少能寻找到某些值得借鉴的地方。面对失败者，其失败背后的底层逻辑，同样值得我们深思和挖掘。

孔子在《论语·为政》中说道："三十而立，四十而不惑，五十而知天命，六十而耳顺，七十而从心所欲、不逾矩"。

"四十而不惑"说的是人到了四十岁的关卡，已经咀嚼了世态的冷暖，感怀了岁月的无情，在经历了疑惑、

序言

彷徨、振奋和欣喜若狂之后，少了激情、多了沉稳，少了冲动、多了冷静，少了烦恼、多了理智，少了放任、多了责任，少了盲从、多了几分对自我的认识和看世界的清醒。

站在通向四十的路口，回望过去的自己，如若没有参照物，也不知道四十岁的自己是否已经符合孔子笔下"不惑"的定义。也正因如此，我才有勇气提起笔来，回顾和复盘自己在四十岁之前的时光，趁自己即将迈入不惑的开端，我想给自己不惑之年一份有迹可循的交代。

当然，我更希望对自己不惑之年的这份交代，能对每一个即将进入大学校园生活的你、对每一个即将毕业进入社会的你、对徘徊在创业这条道路上迷茫的你有所启发，如果对你们在行动和决策上能够产生某些指导，那本书的出版也就有了更大的意义。

——2024年1月27日写于广东东莞

目录
CONTENTS

PART ONE 下行的人生，上行的活法

01 撕开裂痕，阳光才能照得进来 ／3

02 下行之中，蕴藏着向上的力量 ／4

03 谷底人生，怎么走都是向上 ／6

04 有一种力量，叫作赞赏 ／8

05 在求学阶段逆流而上 ／11

PART TWO 低谷人生，如何触底反弹？

01 能力比学历重要，"学会"比"学校"重要 ／17

02 用"正义"的密钥，打开"向上"的大门 ／23

03　穷人的孩子，早就业　/ 28

04　"学历"领进门，修行靠个人　/ 34

05　职场瞬息万变，如何才能 hold 住？　/ 38

3 PART THREE　适应变化，引领变化

01　拥抱变化，是拥有幸福的开端　/ 47

02　世上唯一不变的，就是变　/ 55

03　万变不离其宗，看见变化的真相　/ 59

04　刷新认知，把对变化的发展脉络　/ 63

05　看清杠杆和整合，引领变化的发生路径　/ 66

4 PART FOUR　懂点金融知识，别凭"实力"亏掉运气财

01　搞钱很重要，知道如何搞钱更重要　/ 75

02　初入社会，第一笔必须拿的钱　/ 80

03　征信报告，值得你拼命去守护的生钱基础　/ 92

04　关于买房和买车，你的决策思路对了吗？　/ 100

05　银行里面那些不为人知的"门道"　/ 108

5 PART FIVE　要逆流而上，先改变认知

01　如何把"贫穷"变成"富有"？　/ 117

02　创业的决策，你做对了吗？　/ 126

03　找对就业和创业的正向增强回路　/ 133

04　长寿，靠什么？　/ 139

05　不要管经济的好坏，只要管好自己的脑袋！　/ 144

结语　/ 151

PART ONE

下行的人生，
上行的活法

1

所有的人生低谷，
都是在为反弹和上升
做必要的储备和积累

Part 1　下行的人生，上行的活法

01　撕开裂痕，阳光才能照得进来

我出生的地方属于粤东一个较为偏远的地区，父亲是一名司机。因为一桩交通事故，家里多年的财富积累"一夜之间回到了解放前"，没有厚实积累、没有设置风险"防火墙"的家庭，遇到一点风吹草动就瞬间被打回原形。1997年，也就是香港回归的那一年，为了生存，我们举家搬迁到了广东省的东莞市，做起了百货店生意。在这也提醒着每一个人：首先，要想方设法"保护好"家庭里的那个"经济支柱"，不管是他的人身安全还是他所从事的职业的安全，都需要提前设置好相应的风险"防火墙"。

此外，每一个家庭都需要在生活和经济方面提前做好"未雨绸缪"的准备和规划，以抗衡突发的意外，不至于遭受"灭顶之灾"。

02 下行之中，蕴藏着向上的力量

虽然搬离了农村，家里仍旧因为父亲开车出意外一事，变得负债累累，直到2003年的前后，整个家庭的财务状况才从此前交通事故的阴影中慢慢地走出来。

人生经历这次大起大落之后，我们进一步认清了一个事实，便是"患难见真情"，一个人唯有处于人生低谷，才能认识到身边真正的朋友是谁。当然，人性都是趋利避害的，人们看到身边一个交情极为普通的朋友出了问题，第一时间往往也会选择避而远之，特别是在自己没有相当的实力来出手援助时，更是如此。

因此，我们平日里应该用最真诚的心来对待身边的每一个朋友，当得知对方有难时，在不影响自身基本生活的前提下，竭尽所能去帮助处于困境中的友人，日复一日，不断往圈层内每一个与自己有关联的人的心理账户里"存钱"。所谓"存好心、说好话、做好事"的底

Part 1　下行的人生，上行的活法

层动力，就是利己，特别是在你看透了人生无常和因果循环之后。因为你所不能预知的，就是自己什么时候会需要这些人的帮助。

逆流而上

03 谷底人生，怎么走都是向上

20世纪末，作为改革开放前沿地的广东，是全国无数打工者的热土，父母为了让我接受更好的教育，走出乡村，安排我入读了东莞的一间公办小学，但这并不能改变我学习成绩无法提升的事实，同时，因为身材瘦弱，我也一度被同学排挤。生活、学习的不如意，让我在低谷中不停挣扎。

但所有的人生低谷，都是在为反弹和上升做必要的储备和积累。

东莞求学的三年，让我懂得了在一个团队中快速识别出"核心人物"的重要性，也让我即使遭遇可能在别人看来非常不堪的困境，我依旧能用自己的方式挺过来。也许，**正是因为所有不能打败你的，最终都能成就你。**

在后续的求学过程中，虽然也遇到了种种不尽如人意的事情，但我都能凭借自己身上的一股韧劲和耐力突破困境,迈过了人生求学路上一道又一道艰难的关卡。

面对命运对我们的考验,只要我们在低谷的时候不放弃,那么接下来走的每一步都是上坡路。

04 有一种力量,叫作赞赏

什么样的际遇能让一个学生体验到学习中所谓的"开窍开悟"呢?

如果一个孩子不能靠自己"开窍开悟",不能从学习中体会到学习对他的重要性,不能在学习中体验到学习给他带来的成就感,作为父母,如果只是给他报各类补习班,或是把他送到教学条件更加优越、学费更加高昂的私立学校,或是手里拿着皮鞭靠暴力手段让孩子"听话",都无法改变一个孩子的学习心态,无法让孩子发自内心主动去学习,并且愿意为了学习做出努力。

正确的做法应该是先想方设法让孩子在学习上取得一次又一次小的成就,从而引导孩子从一次次小成就走向更高的成就,让孩子体验到学习所能带给他的成就感、荣誉感和满足感。那么,孩子就能发自内心主动地让自己变得更优秀,主动去寻找各种各样的方式去努力。

Part 1　下行的人生，上行的活法

这一段话看起来是不是非常熟悉？是的，跟大部分企业打造优秀的企业文化一致，让员工从一个胜利走向另一个胜利，也是打造优秀的企业文化、培养优秀员工的最佳途径之一。

在学生时代，我很庆幸能遇到一位伯乐，这个人就是我的语文老师。我清晰地记得，他多次在课堂上当众宣读我的作文，并多次推荐我去参加镇里的各类作文竞赛、朗诵比赛，不断给我登台、历练的机会。也正因如此，当时的我竟然开始悄悄努力，经常利用周末的时间到图书馆看书，看各种各样有助于提升语文成绩的图书。

那个时候的我，就已经逐渐进入了一条学习上的正向增强回路，虽然当时我并没有意识到。

在孩子的求学之路上，与他们接触最深的便是老师。而一个懂得欣赏孩子优点的老师，往往能让孩子对学习产生浓厚的兴趣。

作为老师（家长），让孩子对某一门学科提起兴趣的方式就是想方设法给孩子一次在这门学科上面取得成就的机会，让他们体验到学习带来的成就感、荣誉感和满足感。有了这样的机会和体验，孩子自己就会发自内心地主动去思考，形成习惯，也会为了继续追求这种成就

逆流而上

感而做出努力和改变,从而走上一条学习上的正向增强回路,继而周而复始、不断加强,这也是让孩子对学习"开窍开悟"的最有效路径之一。

Part 1　下行的人生，上行的活法

05　在求学阶段逆流而上

大部分父母是普通人，对于孩子求学生涯也出奇一致地认为，读书是普通家庭的孩子逆袭人生的最佳路径。因为大部分人都是普通人，有时候随大流，是在缺乏自我见解下的一种正确选择。

2003年，恰好是流行作家韩寒、郭敬明、张悦然等人的高光时刻，对于在语文学科略有所成的我来说，参加新概念作文大赛然后一夜爆红的想法，无时无刻不萦绕在心头，企图在自己的身上复制他们的成功，这就是"榜样"的力量，只是当时的自己，完全歪解了"榜样"的真正含义和作用，走入了另一个极端。

回望求学生涯，高中时期，既是整个求学生涯中学习压力最重的时候，也是三观逐渐形成的时候，作为家长和学生本人，都要意识到这个特殊时间段对彼此的重要性，只有学生和家长紧密合作，才能顺利渡过。

逆流而上

为什么作为父母、老师，想方设法让孩子在具体的事情上取得一定的成就，会显得如此重要？因为不断地追求"获得感"，能让孩子持续性地在感官上得到一种优于外界的感受，"获得感"在普世价值观中，属于绝大多数人都较为推崇和追寻的价值理念，越是得到更多人的推崇和追寻，越能让获得者产生更多的多巴胺，多巴胺能给人带来成就感和满足感，从而让获得者继续追求持续性胜利，最终在达成这种"获得感"的过程当中，不断激发自我潜力，成为更好的自己。

针对求学过程，我共有以下三方面的心得体会想与大家分享。

第一，脚踏实地，拒绝浮躁。高中三年，我自己心智不成熟，总企图一炮而红，甚至妄想通过一次作文竞赛，或是写一本小说，为自己换来坦荡前途。人的心态一旦浮躁，便不能，也不愿再脚踏实地通过努力来获取成果，这样的心态在高中这个重要时期，无疑是致命的。

第二，良师益友同样至关重要。我在初三的时候受到语文老师的赏识和引导，对学习的态度有了极大转变，在成绩上也就有了天翻地覆的改变。到了高中时期，遇到了鼓励我参加歌唱比赛的同学，虽然此事对我当时的

Part 1　下行的人生，上行的活法

成绩没有产生多大的影响，却也对我后来人际关系的处理以及胆量的历练很有帮助。

第三，能从一次成就走向另一次更大的成就固然很好，但对于某些得不到预期结果的付出，也不必过于担忧。有些事情你只要去做、去行动，哪怕在当下你未能收获正向反馈，也不要着急。只要你所为之事是正向的、正义的、积极的，那么你做过的所有事情，都会在人生的某一时刻，予以你润物细无声的回报。

PART TWO

低谷人生，
如何触底反弹？

2

快速找到属于自己作为
社会人角色的"正向增强回路"

01 能力比学历重要，"学会"比"学校"重要

互联网时代，信息大爆炸，各种真假难辨的信息充斥在我们的视野中，年轻人在面对这些消息时，一定要秉持这样的态度和观念：既能做到不排斥任何新鲜讯息，又能做到有主见，不被信息裹挟。然后在这个过程中，我们要对信息去伪求真，去其糟粕、汲取精华。

"一分耕耘一分收获"是大部分人坚守的信念之一。很多时候我们身边充斥着一夜爆红、一夜成名、一夜暴富的"逆袭故事"，我们万万不可丢失自我判断的能力，不能在听闻这些故事之后，便不再愿意脚踏实地、一步一个脚印坚定向前。在这些"逆袭故事"当中，不排除有人踩中"风口"，比普通人跑得更快，但这些"逆袭故事"永远都只适用于这个社会上的极少数人而非芸芸众生，从结果和数据上来看，绝大部分妄想不费吹灰之力就能取得成功的人，最后都只能演变成"逆袭事故"，而

逆流而上

非"逆袭故事"。

我们过往的经历无所谓绝对的好与坏，在特定的场合好与坏是可以相互转换的。

求学生涯中的两次复读以及不断转学的经历，让我获得了比大部分学生更强的适应能力。对当时的我来说，这些都是生活给予我的"严刑拷打"，幸好在这样的考验下我都能顺利通关，以至于后来每一次的顺利通关，都让我有种脱胎换骨、如获新生的感受，而恰巧是这些不那么舒服、不那么愉快的人生经历，铸就了我接下来"一路开挂"的人生。请切记，人生没有白走的路，每一步都算数。

高中毕业后，我选择了广东韶关一家公办性质的职业大专。我对大学生活的感悟是只要你足够胆大、心细、脸皮厚，你在大学的求学生涯中，绝对能够成为学校的佼佼者。不过，从我个人的经历来看，胆大、心细、脸皮厚这三个因素得换个顺序，即"胆大、脸皮厚、心细"。因为胆子大但经不起失败的打磨或是旁人的冷嘲热讽，很快也会让你对尝试新鲜事物失去信心，失去再次尝试的勇气，所以脸皮必须足够厚，才能够锲而不舍地继续尝试新事物，拥有更多接纳新事物的机会，从而激

Part 2 低谷人生，如何触底反弹？

发自身的潜能，这一点在整个求学生涯都至关重要。

我所在的大学极其普通，我的专业也极其普通，但是普通的大学和普通的专业，并不影响我借助大学的平台来历练和提升自己的综合能力。

每一个即将进入大学的学生，或是已经踏入了大学校门的学生都必须更新一个认知：一流的大学，未必就能成就一流的学生；而普通的大学，未必就不能培养出优秀的人才。从学校毕业进入社会，能不能成为社会的中坚力量，能不能在社会上有所建树，取决于你这个人，取决于你对自己的要求以及在社会上的种种机缘，关于后半部分，我会在后面的章节里展开来讲。

在大学里面，基本无人会通过校规来严格约束你的时间，而时间是一个人能否获得自由的前提。再加上大学的地理位置一般都距离自己的家较远，学生也就能顺理成章"逃离"父母对自己的管束。也正因如此，许多学生在大学期间的"时间管理"能力出现较大的差异。

在大学期间，能对时间进行有效管理的，能把时间分配到"正向增强路径"的人，譬如不翘课、多去图书馆，或多去聆听不同老师的课程，多参加社团活动和社交等，这样的学生一般进入社会以后，也能够成为一个

逆流而上

极其自律的人，并且这个自律的习惯会让他受益一生。

反之，没能把时间分配到"正向增强路径"的人，有一个非常明显的特征，就是会放任人身上的"贪、嗔、痴"等天性，譬如翘课睡懒觉、通宵达旦玩游戏等，终日虚度时光，如果整个大学时期都是这种生活状态，那么这些习惯会对这个人的人生贻害无穷。

所谓的习惯，不管好坏，都只是日复一日的行为动作的不断叠加、再叠加，无他。

另外，大学就是半个社会。大学的校园生活十分丰富，譬如你可以竞选班干部，并且班干部的选任也不会再以成绩作为唯一的衡量标准；你还可以参加各种社团、协会，在充分体验和学习各种综合技能的同时，尝试性地挖掘自己的潜力和爱好；当然，你还可以自由恋爱，体验爱情给自己带来的种种感受。

如果你是一个一心只读圣贤书的人，既可以在专业课上认真听讲，也可以到其他专业的课堂学习，充分吸收不同领域的知识，甚至下了课还能整天泡在图书馆里面，徜徉在知识的海洋里，没有人会打扰你，只要你愿意这样做……

大学四年是一个人自我管理能力养成的关键时期，

Part 2 低谷人生，如何触底反弹？

是一个人走向社会能成为一个什么样的人的关键分水岭，而进入社会以后能力的高与低，就业和创业前程的好与坏，又跟每一个大学生在大学时期的"时间管理"息息相关，因此，大学期间的"时间管理"这一课题值得每一个大学生深思和探索。

如果你品学兼优，极有可能经过大学的浸润，成为一名对社会有用之人。反之，若是贪图安逸享乐，认为来到大学，人生就已经达到巅峰，人生就已经画上了完满的句号，任由心中那些贪图安逸的想法无限放大而荒废大学的时光，有可能一出校门就被宣告"人生破产"，成为一个"眼高手低"的人。

纵观整个大学生活，对我影响重大的要数参加学生会。为什么说参加学生会对我产生重大影响呢？有以下三点收获可以拿出来和即将上大学的朋友进行分享。

第一，学生会是大学生对接老师的一个重要枢纽，起到学生与学校沟通的桥梁作用，学生会成员在处理和沟通事务的过程中能快速提升自己的沟通能力，而沟通能力通常表现为一个人的表达能力，这是一个人进入社会、进入职场之后，最为关键并且第一时间会显现出来的能力之一。

逆流而上

第二，学生会是大学校园最为庞大的学生组织之一，每年新生入学时，学生会都会不断地招纳新人，并且招新的人数，往往是其他一般社团、协会的许多倍。人一多自然会产生人员"管理"的问题。所以，学生会成员一般在两三年里能快速积累起对"管理"的最基本认知，如果有幸能担任学生会主席一职，对自身综合能力的锻炼也大有助益。

第三，学生会是一个很锻炼人的学生组织，除了所有能被评测到、能被看见的显性能力之外，最重要的是能锻炼你的社交、团队协作能力。虽然刚正不阿、直言不讳、天性秉直等等这些都是值得我们每个人去追寻并学习的品质，但若能懂得一些"人情世故"，提升与人交往、与人相处的能力，那对你的工作和生活而言，无异于是锦上添花。

02 用"正义"的密钥，打开"向上"的大门

如果所上的大学并不如意，我们是不是就因此"摆烂"或"躺平"了呢？不是的。因为条条大路通罗马，这条不通那条通，坚信只要坚持去做"正义"的事情，不管是在什么样的大学就读，也不管身处什么境况当中，我们依旧能够用"正义"的密钥，打开"向上"的大门。

何为"正义"的密钥？

所谓坚持做"正义"之事，就是我们要坚守传统文化中最为淳朴的道理，譬如与人相交要做到真诚不说谎，在达成目标的过程当中要做到脚踏实地不奢望一蹴而就，在期待成功时相信一分耕耘一分收获而不是不劳而获。另外，还要相信吃亏就是占便宜，乐于助人而不落井下石，遇到失败时第一时间反省自己而非推诿扯皮。哪怕是见人主动打招呼问声好，也属于"正义"的范畴。

2009年年底，我在暨南大学的招聘会上，通过现场

逆流而上

投递简历面试的形式，提前进入到东莞的一家连锁电器商城工作，在这里，分享一篇2008年我作为优秀实习生的汇报演讲稿。

在"专业实习汇报会"上的发言

尊敬的各位老师、同学：

大家晚上好！

非常荣幸今天能够被邀请到这个平台上，与大家分享我的实习心得，我主要跟大家分享两个方面的心得，第一个是营销与策划专业方面的，第二个是做人做事方面的。

现在我分享一下实习的第一个心得。

作为一名营销专业的学生，我觉得最重要的不是你的口才有多好，你的专业知识有多稳固，而是要看你的自我营销能力有多强。作为一名营销人员，我们一定要提升自我营销能力。因为无论是消费者还是你身边的亲朋好友，当他们在和你交流的时候，如果你不能把自己推销出去，让别人接受你，那么你其他方面的营销能力也一定是不足的，在这一方面，我深有体会。

当然，我的体会更多是从失败中总结出来的，在自我营销方面我们需要注意的是要坚持行"正义"之事。

例如在和他人交往的时候，我们要做到真诚，要做到乐于助人，然后在这个基础上再去展示我们的口才和专业能力，长久为之，往往就会达到事半功倍的效果。

另外，我要跟大家分享实习的第二个心得。

我觉得要判断一个人究竟是怎样的，那就是看这个人是如何"做人做事"，而且必须是"先看做人，再看做事"。当你在做一件事情的时候，只要这件事情是积极的、向上的、健康的，是符合"正义"定义的，就要敢于坚持，不要在意别人的眼光，要为自己而活。只要坚持，生活中美好的一面自然而然会向你铺展开来。

我一直在思考，一件事情做到什么程度算是成功呢？就是你把一件事情做到极致，并且只有你才能够做到，那么你就算是把这件事情做成功了。这里说的"只有你才能做到"，并非意味着只有你拥有做这件事情的能力和技术，就好比拖地，如果有两个人，其中

逆流而上

> 一个人已经把地拖得非常干净了,但是你却能把地拖得"一尘不染",那么你就算是把拖地这个工作给做成功了,而拖地的这项技能,虽是你们两个人都掌握的,但结果却是有差别的。

因为家里经商,我自小就敢于在公众场合表达自己,而凭借沟通和表达能力的优势,我一路晋升成为学生会主席,最后更是成为"优秀实习生"以及"优秀毕业生"代表。

这个社会时刻都处在变化之中,今天的"好"并不能代表明天的"好",同样,今天的"坏"更不能代表明天的"坏"。我们每个人都不可能预测未来,所以,能透过事物表象更快、更精准地看清事物的本质的人极有可能会获得更好的资源,得到更好的发展。

那些能够在获取财富这条路上走得很远的群体,他们也许是在人生的后半段抓住了时代发展的趋势、抓住了某个朝阳行业的发展红利,但不可否认的一点是这个群体一定找对了一条"正向增强回路",然后从0到1,实现了人生的"正向循环"。只是,每一个能够实现逆袭的人,其"正向增强回路"都不一样罢了。

Part 2　低谷人生，如何触底反弹？

对于还没成为大学生的朋友，或已拥有大学生身份的朋友来说，尽早找对属于自己的"正向增强回路"的关键在于要及早开悟，懂得"学习和学习能力"对整个人生的重要性，当然，前提还是在于要坚持做"正义"的事情，唯有方向正确，你所有的努力和付出才不会付诸东流，所谓方向不对，努力白费，而坚持行"正义"之事就是走在寻找"正向增强回路"的正确道路上。

对每个在校大学生而言，除了需要学习相应的专业知识和专业技能之外，更要充分利用好学校提供的宝贵机会，在校期间尽早提升自身的沟通能力、管理能力、组织能力等有益于毕业后就业的能力。

而对于已经进入社会的人，则要快速地找到属于自己作为社会人的"正向增强回路"，其要关注的重点又与作为在校大学生时要关注的重点大相径庭，本书后面会具体讲到。

> 逆流而上

03 穷人的孩子，早就业

中国人崇尚读书，自古就有"万般皆下品，唯有读书高"之说，读书是普通家庭的孩子谋求好出路的最佳路径。一个人若是缺少"知识"的加持，虽有可能在江山代有才人出的时代中踩中红利而取得一时的名与利，但从长远来看，还是那些具备一定"文化底蕴"的人才能走得更远。

作为一名"80后"，我身边就有不少初中或是高中未毕业就提前踏入社会打拼的同龄人，在我们尚未大学毕业之前，他们某些人就已在所处的某个行业里面混得风生水起。可要知道，光鲜亮丽的生活不是随随便便就能造就的，因为人生是一场以"死亡"为终点站的马拉松比赛，能够持续领先的人必定是运用"知识"来解决生活给出的每一道难题，从而做到真正的"遥遥领先"。

Part 2　低谷人生，如何触底反弹？

在大学的最后一年，对我和我大部分同学来说，我们对人生接下来的计划有一个共同点：不管能否顺利就业，绝对不能再回校上课，要不然这脸就丢大了。若是能借助家里的关系找到工作就再好不过，万一找不到工作，就算是挖空心思，也要托关系找一个接收单位帮自己开一个证明再回学校。至于毕业前的半年空档期用来干什么，倒成了不被优先考虑的事情，哪怕这半年选择直接"躺平"也无关大碍，大部分人的诉求无非是不用再回校上课。

因为家里经济拮据，也因为每次回家看到父母赚钱的不易，我从一开始就知道要尽快地找到一份工作，要尽快帮家里减轻负担，要尽快地让自己"值钱"，带着这一份迫切，我踏上了前往广州的火车。

下面我分享一篇当时面试成功之后的感悟。

就业，你准备好了吗？

2009年11月22日，我参加了暨南大学石牌校区的招聘会，主要有四点体会与大家分享：

第一，作为应聘者，要有融入社会的心态。

在去招聘会的路上，我切实体会到了社会的"冷

逆流而上

漠"和"无情",原本以为自己对这个社会已经足够地了解,不承想,自己所接触和所认识的只不过是这个社会的冰山一角。在这次招聘会当中,在会场排队的每个人都是你争我赶,稍不留意,你的位置就会被他人抢走。火车站的售票员也不会对你眉开眼笑,不会热心回答你的各种问题;公交车司机也不会对你作温文尔雅的回应;更甚者是你帮助了别人也未必能够得到他人的一声感谢。但是,这一切都是正常的,这本来就是社会的常态,所以,这也要求我们要有一个良好的心态,懂得去融入这个社会。

我想要说的是,无论我们身边的环境是怎么样的,我们都要坚持自己身上那些优良的传统美德,我们要一如既往地坚持那些属于"正义"的事情,例如无论受到怎样的伤害,我们都要对别人真诚,为老人和孕妇让座;对身边的人,哪怕是竞争对手,也要做到存好心、说好话,只要你一如既往,迟早有一天生活中最美好的一面就会向你铺展开来。

第二,作为应聘者,你所有的经验都是你的资本。

在面试过程当中你完全不必挖空心思去想,不必凭空捏造一些虚假的经验,甚至是用一些看似完美的理由去回复对方。你要有信心，经过大学的磨炼，你已经具备了基本能力，你需要做的就是把你的真实感受和对问题的真实看法说出来，哪怕回答这些问题会暴露出个人的一些弱点，只要你按照自己内心的真实感受，再结合一些过往的经验，把你心里的答案有条不紊地表达出来，对方会为你的失败/成功经验所感动，因为每一个人在表达自己的真情实感时，往往是最真诚和最动人的。

第三，作为应聘者，你需要有所准备。

在去招聘会之前，具体都需要做哪些准备呢？我有以下三点建议。

其一，心态上的准备。参照所在城市过往的招聘会时间，在大学的最后一个学年就要做好心态上的准备，迎接招聘会，做到不慌张。

其二，简历上的准备。在招聘会到来的两个月前，提前准备好简历，在这段时间内不断对简历进行修改和完善。

其三，对目标企业的搜索和确定。在了解招聘会所有参招企业的具体信息后，找到几家比较理想的面试企业，把他们的招聘职位和要求都摘录下来，然后

逆流而上

通过对方的官方网站去了解该企业的相关信息等，这样一来，当天来到招聘会现场就可以迅速确认这些企业的位置，甚至可以马上进行排队面试。这样可以节省许多的时间。

第四，要比别人多想一些，比别人多做一些，做一个生活上的有心人。

在这次参加招聘会的过程中，在与其他面试者聊天时，我发现许多人在竞争同一个职位。当别人的学历比你高，当别人的颜值更有优势，口才也比你好的时候，谨记不要产生自卑心理，而是要保持自信，理智思考，理性分析，做到知弱补强。

别人的学历比你高，但是你有丰富的课外阅读积累，有更广阔的知识面和眼界。别人的颜值更有优势，但是你在校期间参加过很多的社团和协会，在校内的经历比他更丰富。别人的口才比你好，但是你曾经利用暑假和寒假在校外多家企业实习，在校外的实践经验比他多。正是因为我们的起点比别人的低，所以我们才更要努力。

最后，衷心祝愿所有的应届生，都能够找到心仪的工作岗位，然后用自己的最大努力，为这个社会做

Part 2 低谷人生,如何触底反弹?

出自己应有的贡献。

莫慢乔

2009 年 11 月 26 日

逆流而上

04 "学历"领进门，修行靠个人

学历是我们进入任何一家企业的敲门砖，没有学历的加持，我们可能连企业的门槛都无法进入。那为什么企业的招聘都要以"学历"作为必要的条件呢？首先，学历能直接证明一个人文化程度的高低，这是任何一家企业物色岗位对口人员时最便捷的方式。其次，"学历门槛"能为企业节省大量隐性成本，用学历来识别人才是成本最低、效率最高的方式。学历通过国家认证，自然具有权威性，一个能得到国家认证的人，其学习能力和其他的综合能力差不到哪里去，这样的人能为企业的后续发展以及管理工作节省不少的隐性成本。

可学历（或是证书）就是唯一重要的能力凭证吗？不是！

学历只能证明一个人文化程度的高低，这只是我们进入社会后用于推开企业大门的敲门砖，而想要在企业

Part 2 低谷人生，如何触底反弹？

里面发展得更好，还需要我们的另外一个能力，即"自学能力"，这个能力不属于人的显性能力，不能轻易被看见，是我们在工作中，或是在与人的交往和合作当中才会慢慢显示出来的能力，这个能力，才是我们在工作中或是生活上取得成功的关键能力。学历高不等于自学能力强，自学能力不止体现在对新事物的接受和运用上面，它还体现在与人的交往合作中，譬如，话是否说得恰到好处，事是否做得恰如其分等。自学能力是一个人综合能力的体现，当然，如果一个人既学历高，自学能力也强，那他进入职场后也会获得快速发展。环顾我们四周的这些佼佼者，不就是同时具备这两方面能力的人吗？

2010年1月6日，我拖着大包小包的行李来到录取我的公司入职。我的岗位是外勤岗，外勤岗位相对于内勤岗位而言，动手多于动脑，职位定位相对较为低级，具体岗位为大卖场里面某个品类的销售主管，往上发展能成为一个大卖场的副店长、店长，再往上发展，就是管理门店的区域副经理、经理等。而本科生的岗位则是内勤类的，从一开始的采购助理、采购副主管、采购主管，往上发展能成为整个公司采购系统的采购副总监、总监等。

逆流而上

一言蔽之，从当时入职公司的定位来看，本科生的定位明显要高于大专生的定位，不管是从岗位的分类，还是从入职的阶段起薪来看都是如此。所以，如果你没有背景和资源，好的学历、出色的校园表现，就是你能通过自己的努力去获取回报的资本和底气。放眼当下，这个路径依旧有效，并且屡试不爽。

总结来说，每个人都应该懂得适当地给自己一些压力，因为有压力才会有动力，不同的人会有不同的压力，有些人的压力可能来源于对金钱的极度渴望，有些人的压力可能来源于不甘心低人一等，有些人的压力则还可能来源于在任何事情上总是想拔得头筹……

在我得知了本科生的起步薪资要比大专生高的时候，我先是觉得愤愤不平，然后慢慢地把这种愤愤不平转化成我努力工作的动力，进而再把这种工作上的动力落实到实际的工作中。

可是究竟要如何做才能达成心中的目标呢？要知道，进入社会以后，一切靠实力说话，公司对待每一个人都是公平的，不同的岗位有着不同的业绩考核目标，在这个全力以赴实现目标的过程中，我有两个方面的经验值得与大家分享。

Part 2　低谷人生，如何触底反弹？

第一，在做任何事情之前，把自己的 KPI（关键绩效指标）牢记于心很重要，唯有知道自己的目标是什么，才能判断自己的行动究竟会不会产生偏差，才能时刻做出正确的选择。

第二，牢记目标之后就是要明确每日、每周、每月的目标，你只需知道，过去的时间已经逝去，无需过于留恋，但值得拿来复盘和总结。而未来尚未到来，无需过于担忧，你唯一需要做的就是专注于每一个当下，认真对待和利用当下的每一分钟，只要你当下的工作都是围绕着你的 KPI（关键绩效指标）来开展，那么你的进步就一定会比其他人更快，你能取得的成果也一定会优于其他人。

逆流而上

05 职场瞬息万变，如何才能 hold 住？

为了弥补学历上的劣势，也为了能在新入职员工中脱颖而出，我时刻紧盯我的 KPI（关键绩效指标），并且把目标细化到每一天需要做什么工作、达到什么样的效果。在细化每日工作时，我有一个习惯，就是提前把自己的时间按照"四象限"法则进行管理。

"四象限"法则是美国著名管理学家史蒂芬·柯维提出的时间管理理论。时间的"四象限"，就是把工作按照"重要"和"紧急"两个不同的维度进行了划分，基本上可以分为四个"象限"：既紧急又重要、重要但不紧急、紧急但不重要、既不紧急也不重要（如图 2-1）。

如若按处理顺序来划分，应该是这样的次序：先是既紧急又重要的，接着是重要但不紧急的，再到紧急但不重要的，最后才是既不紧急也不重要的。

第一象限和第四象限是相对立的，而且是壁垒分明

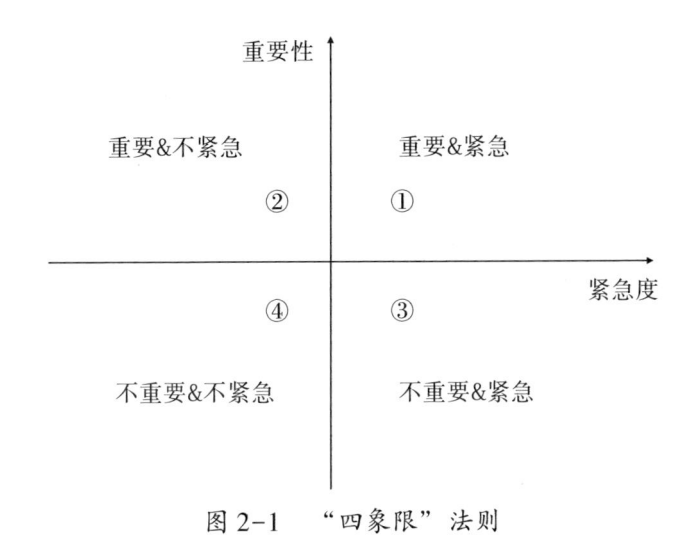

Part 2 低谷人生，如何触底反弹？

```
            重要性 ↑
                 |
   重要&不紧急    |   重要&紧急
                 |
       ②        |      ①
                 |
  ---------------+---------------→ 紧急度
                 |
       ④        |      ③
                 |
  不重要&不紧急   |   不重要&紧急
```

图 2-1　"四象限"法则

的，很容易区分。第一象限是紧急而且重要的事情，每一个人包括每一个企业都会着重分析判断那些紧急而重要的事情，并优先去解决。第四象限是既不紧急也不重要的事情，有自己的想法而且勤奋的人断然不会去做这些事情，而且会尽可能把这些事情拒之门外。

第二象限和第三象限则最难区分，第三象限对人们的欺骗性是最大的，很多时候，它很紧急的事实造成了它也很重要的假象，因此耗费了我们大量的时间。依据紧急与否是很难区分这两个象限的，要区分它们就必须借助另一个标准，就是要看这件事是否重要。也就是按照自己的目标和时间规划来衡量这件事的重要性，如果

逆流而上

它重要就属于第二象限的内容，如果它不重要，则属于第三象限的内容。

我建议大家看待这四个象限的处理态度是，第一象限——立即去做；第二象限——有计划地去做；第三象限——交给别人去做；第四象限——尽量别去做，尽量说"不"。

对于当时的我而言，完成销售业绩甚至超标准完成销售业绩，俨然是不紧急但重要的事情，我必须有计划地去做，于是，围绕这个目标的计划也就慢慢清晰了。

首先，必须快速了解手机队组位于整个大卖场的位置情况，从而把握客户来店的动线走向。

其次，利用没有接待客户的空档期，快速学习手机的专业知识，或者观摩学习队组销售业绩排名靠前的老销售接待客户的整个过程，掌握销售技巧和专业话术。

最后，就是自己撸起袖子实践了。可即便如此，我们同期的9个主管培训生的销售业绩都还是未能取得大的进展，主要原因有两个：第一，一些销售员动辄10年以上的销售经验和客户积累，不是我们这批刚毕业的大学生凭在校多念几年书就可以完全弥补或者超越的；第二，任何销售工作本身都存在一定的周期规律，也都有

Part 2 低谷人生，如何触底反弹？

旺季和淡季之分，哪怕在一个月里面，也存在月初和月底发工资时期销售业绩见涨，而月中销售业绩明显下滑的现象。

就在我们9个主管培训生都意识到这两个客观原因以后，我们便开始八仙过海各显神通了。我们9个人的队伍也很快分化为"两派"，出现了两种不同的做法，一种靠"动脑"，而一种靠"蛮干"。

靠"动脑"的有6个人，就是对队组的2位主管以及其余16名老销售进行家世背景大摸底，拉近与他们的关系，从中学习大量销售技巧。

靠"蛮干"的3个人则坚守从量变到质变、积少成多的方法去工作。我们还决定延长上班时间，希望通过"勤能补拙"这条最为质朴的方法来改善自己的销售业绩差的情况。最终的结果是我的销售业绩确实有了很大提升，半个月下来就完成了一个月的业绩目标。这件事让我明白一个道理：在通往成功的道路上，也许你默默无闻，也许你是独自前行，但只要拼尽全力，一定能获得成功。

下面，我分享一篇2015年发表的关于我对2010年初入职场至2015年离职的心得体会。

工作，只是生活的一部分

人的一生，在不同阶段都会有烦恼和迷惘，我一直很想找个合适的机会和大家探讨一下占据我们人生的很大一部分时间的工作。

关键词一：择业标准

感悟一：年轻人选择职业要有三个标准，一看公司提供的薪酬是否能够满足自己的基本生活需要。二看公司的主营业务是处于拓展期还是萎缩期。最后，是看三五年或是十年以后，我们如果离开了这家公司，那么我们的工作经验是否能够成为我们在其他行业或岗位上继续生存和发展的"动力源"。

关键词二：坚持"正义"的自我

感悟二：在职场中，作为一名新人，既不能妄自尊大，更不可妄自菲薄，一切行动都需要审时度势，在需要争取权益的时候请勇敢地站起来，在需要谨言慎行的时候请学会沉默；同时，在这个过程中，请你坚持正确的价值观，不要过于在乎别人的评价，别让自己沦为他人的工具。

关键词三：工作只是生活的一部分

感悟三：我们常听到的是"距离产生美"，但是我想说的是"适当的距离产生美"，不适当的距离很容易产生不美好的事情。换工作之前要问自己三个问题：

1. 如何确保离开现在的公司以后，另一家公司能够付给自己不低于上一份工作的保底工资？

2. 纵使找得到一份薪资对等的工作，如何确保新公司、新岗位具备明朗的发展前景？

3. 万一新进入的公司与以前的公司规模不对等，一下子垮掉了怎么办？

在文章的结尾，我希望用这段文字来勉励正处在奋斗路上的你们：在追梦的路上，梦想或许遥不可及，可是我们要明白有些梦想不一定非要实现，更多的时候，作为追梦人，不一定非要在每一段付出中都获得回报，若人在一生中能够只做自己喜欢做的事，这难道不是上天给予我们最好的一种回报吗？

PART THREE

3
适应变化，
引领变化

"适者生存"
拥抱变化
才能在激烈的竞争中立于不败之地

01 拥抱变化，是拥有幸福的开端

幸福，它没有具体的标准可衡量，或许也不能用语言和文字清晰描绘出来，因为每个人对幸福的感受都不相同。但是，这些都丝毫不影响大家对它的追求和向往。

幸福这个词，更多是人们心中的一种主观感受，是人们在逃离了饥寒交迫以后的思考。幸福没有一个固定的含义，一千个中国人，就会有一千种对幸福的定义。

而我对幸福的定义很简单：就是我身边的至亲，譬如父母、兄弟、姐妹等，把范围再扩大一点，包含我的亲朋好友，能因为我的存在，有更好的物质条件，有更多的时间来思考人生的意义，做更多他们感兴趣的事情。

也许正是基于这种对幸福的理解，我考虑再三后，仍旧决定从已经工作了五年的电器城离职。其实，当初做出离职的决定真的不容易，当时的我主要有以下三方面的顾虑：

逆流而上

第一，电器城的这份工作是我人生的第一份工作，在这个岗位上我的工作技能得到了提升，薪资报酬也高于市场同等职位。另外，一旦跳槽到别的行业，可能一切都得从头开始，所谓隔行如隔山这个道理我是懂的。

第二，这家公司对员工的各种历练和培训算得上是行业的标杆，我 2010 年入职的这家东莞本土连锁电器销售企业，2024 年依旧在稳健经营当中，并且在东莞的市场份额依旧稳坐头把交椅。一旦离职，我便永远失去了在这家优质企业磨炼成长的机会。

第三，这家电器城在我离职时共有分店 23 家，员工人数超千人，当时我任区域副经理一职，手下管理员工数量众多，也有一定发展前途。

在提交离职报告后，我的老板致电询问我离职的真实原因，并进行挽留。我最后还是坚持选择了离职。

一个人不可能同时走进两条河流，在面对 A 和 B 的选择时，往往无法把 A 和 B 都收入囊中，这不符合机会成本的定义，既然选择了不把时间花费在 A 公司上，自然就有 B 公司的资源和机会来承接你的时间，所有在 A 公司失去的，自然都能够在 B 公司得到补偿。当然，最终是 A 公司还是 B 公司更符合你的预期，取决于哪家公司更能发挥你的潜力。

对于大部分的"明星忠诚型"员工而言,企业千万不要轻易让员工有机会提出"离职"二字,作为企业的管理者,对"明星忠诚型"员工的管理,提前预防远远胜于事后治疗。首先,"明星忠诚型"员工是一家企业得以正常或是良好运营的中流砥柱,这类员工从招聘到内部培训花费了企业大量成本,一旦离职,损失将是巨大的;其次,如果"明星忠诚型"员工离职选择自立门户,不管是对公司内部其他员工,还是对企业外部经营关系,都会对原企业的经营产生负面影响;最后,能够稳定住"明星忠诚型"员工,对企业的稳定经营以及发展都有着重大的意义。

而选择离开电器城入职机械工厂对于我而言,更像是一次失败的跳槽经历,往下详细分析,具体会有以下三个或客观或主观的原因。

首先,我确实对专业的机械设备知识一窍不通。从零到一开始学习,再到抵达高精尖的程度,不是一年半载就可以达成的,这个行业需要有更长的时间沉淀和积累。

其次,我在这个行业可用的人脉等于零,之前在电

逆流而上

器城的工作经验和人脉资源，在这里统统都使用不上。液压机械设备单台售价为 8 万—30 万，工厂每次的购买数量一般为 3—30 台，所以购买设备都得由购买方的企业老板亲自拍板决定，这个时候，与购买方老板的关系如何，以及我手中对产品的定价权有多大，几乎决定了我能否把机械设备给销售出去，而与中小微企业主之间的互动是我从未有过的新尝试。

最后，当时在整个销售市场我遭遇到最为"强劲"的竞争对手，对方是在我入职的前两个月，刚刚从我的职位上离职出去独立创业的销售经理。因为和老板们的经营理念发生冲突，他决定离职自立门户，而自他创办企业之后的第一时间就把手头上原来认识的客户也都一并给带走了。

作为一名打工者，我们一定要早日认识到并且提前避开这样两个思维上的"坑"。

第一，凡是无法发挥自己专长的工作，必须尽快及早主动请辞。很多打工者，在选择工作时，绝大多数都不是因为工作与自己的专业或是与自己的兴趣爱好对口，更多是因为工作地点距离自己的家里较近，或是因为自己有好朋友、有人脉关系在这家公司，甚至仅仅只是因为该公司所在的城市是自己一直以来梦寐以求的理想之地。

要知道,没有按照自己专长寻找工作,往往无法更好地胜任岗位工作,不管是什么企业、什么岗位,一定都有岗位任职要求和标准;你在入职一个岗位之前,这个岗位的工作可能已经有许多人承担过,与这个岗位关联较为紧密的人,会在你入职之后通过各种各样的方式对你的任职能力进行直接或间接的评价,长此以往,你要么知难而退进行换岗或主动请辞,要么因贪恋岗位所能带给你的相关"福利",在能力上无法得到精进,在岗位上虚度时光。最为关键的是,这种底层打工者的思维,会让你错过最佳的能力成长期,无法通过工作磨炼自己,挖掘自身更多的潜力。

第二,凡是无法让自己享受其中的工作,也必须尽快主动请辞。一份工作在一开始接触时,需要了解和学习新岗位的相关知识和技能,会让你有些许的"痛楚感",这是很正常的。可当你从"新人"变成了"老人",仍旧觉得工作给自己带来的是无穷无尽的痛苦,不管这个痛苦是岗位本身的职能设计带给你的,还是与这个岗位相关的人所带给你的,你都必须尽快主动请辞。

逆流而上

人都是"趋利避害"的动物,既然工作无法让你享受其中,你便会逃避一切合理抑或不合理的事情,这样自然会错过很多自身精进的机会。我们活着是为了享受人生,而不是为了接受痛苦,如果一份工作带给你的只有"痛楚感",那不管这个职位的薪资有多高,都要尽早辞职,千万不要犹豫。

回顾人生的两段就业经历,我有两点启示与大家分享:

第一,功利心太强的人或是把金钱作为唯一标准来衡量事物价值的人,在寻找人生价值和幸福的路上,必定要多走一些弯路。回顾我两段职业生涯,最终影响我的选择的都是金钱。

假设当时的我已实现最基本生存需要,再面对这些选择时,我一定是无法坚持五年之久。第二份工作也不可能选择一家只有18个人的工厂去当一名销售经理,而且这个行业与我熟悉行业毫无关联。

第二,存在即合理,我虽不情愿自己的人生有那样的经历,但我仍旧感恩,因为目前拥有的一切就是人生最好的眷顾。

如果没有第一份职业的沉淀,机械工厂的老板就不会高薪聘请我；如果没有入职机械工厂，我就不会机缘巧合进入金融行业，并且借助了机械工厂的平台积累了很多人脉，为之后的创业做了很多铺垫。

有句话说得好，什么时候开始都不晚，种一棵树最好的时间是十年前，其次，就是现在。

我不是一个会等着被生活宣判"死刑"的人，在经历过机械工厂老板找我谈话希望我主动辞职这件事情后，我深刻体会到，作为一个打工者，时间就是最重要的生产资料，绝不能白白浪费掉。离职后，我在外面"瞎转悠"了三天，不断与老朋友们联系和见面，可他们大部分的人都给不了我一个具体的建议，更别说帮助，因为大多数朋友也都在各自的工作岗位忙碌着，就是跟你通个电话，也只能匆匆寒暄几句。大家过得都很"充实"，"充实"到连社交都没时间。多年以后，我才意识到，这其实是一种很可怕的人生安排，因为唯有能充分控制自己时间的人，才有资格做时间的主人，才能自由地选择做什么和不做什么，才能比他人更快找到实现人生价值的"捷径"。

当我和一位正在保险公司上班的朋友联系时，他对我的困境表示出极大的关心，并且异常积极地约我见面

逆流而上

详聊,说会竭尽全力帮我解决目前的困难。我至今都很感谢这位朋友,在我人生低谷时伸出援手,他不仅让我进入保险公司成为一名保险代理人,更重要的是,他在知道了我的困境之后,为我进入保险公司做了详细的职业规划。

若不是这位朋友对我有充分的信任,他绝对不可能做出这样一个决定。因为他的这个决定,让原本不相信能做好保险业务的我,莫名充满了自信心,所以,在对的路上,有时盲目自信也是有用的。

有句话说得好,所有你走过的路,只要用心,每一步都算数。若要想你走过的每一步都算数,我认为还得加一个前提,就是你必须有自己的规划和目标,这样才能承接住生活对你的每一次考验,才能更好地拥抱变化。

02 世上唯一不变的，就是变

回顾我的职业和创业生涯，自律的习惯从初入职场一直保持至今，始终向着两个目标前进：一个是完成当下的考核目标，一个是赚更多钱。

当一个人无法敏锐地感受到外界变化时，只有两个原因，第一，这是一个不思进取、得过且过、安于现状的人，他完全沉浸在自己的世界里，认为自己就是整个世界。

第二，这个人的头顶上有一把无形的保护伞时刻都在跟随着他，以至于他早已习惯了这种不被外界打扰的状态，甚至一度认为这把无形的保护伞永远不会消失，会永远跟随着自己直至终老。

对于打工者和创业者来说，能感受到外界变化的敏锐度是不一样的。

打工者，更多的是担任企业正常运转中的一处转动的齿轮，其驱动力和所有压力都来自上一层级的齿轮，只要整个运转结构不会因外界经营环境的变动而变动，个体是很难感知到外界事物变化的。哪怕偶尔会感受到来自外界的变化，这种变化也是经过了层层过滤之后才传导过来的，从时间层面看，打工者感知的变化已经滞后，从强弱程度看，打工者感知到的变化已经明显被弱化了。

可是，对创业者来说却完全不一样，自主创业就是自己做老板，所有外界变化，老板都是第一层级的接收人，并且需要立刻对变化做出反应。如果只是企业里的一个打工者，他所能接收到的外界变化的速度和强度，往往取决于其在企业里面所处的岗位和层级，岗位和层级越低，接收到外界变化且对外界变化的感受就越不明显。

2016年的下半年，我拜访了身边的亲朋好友，就在我全力以赴去推销保险却仍旧收不到大的成效时，我动摇了，而此时，我拜访的64家企业老板中，有一家工厂的老板找到了我，经过我的牵线搭桥，他从银行成功融到了一笔资金款。最后因为这笔资金，保险公司给了我一笔当时看来很是"丰厚"的提成，这笔提成相当于我两三个月的工资。更巧的是，这笔融资是当时我所在区域的保险分部首笔超百万的融资，由此，我"一朝成名天下知"。我所在的保险分部为了树立标杆鼓舞其他的保险代理人，不断举办各类宣讲会、推广会、表彰会等，霎时间，掌声和鲜花都向我奔涌而来。

这时候，我好像找到了创业的方向。在找到了保险和金融行业的"正向增强回路"之后，我趁热打铁加盟了一家连锁公司，开始了独立创业，时间定格在2016年的年底。

我不知路在何方，只知道从事金融行业能赚钱，为什么能赚钱？因为我们能给需要用钱的人钱。为什么能给别人钱？因为我们知道银行等金融公司的具体融资方案，以及这些方案所针对的具体人群，即利用融资的"信息差"来赚钱。

不管什么行业，当你坚持深耕多年会发现大部分的行业其实都属于"中介"，为什么这样说呢？

首先，随着生产效率的不断提高和产业分工的不断细化，一个完整产品的形成一般需要多个供应商来共同配合才能完成，并不是说某一个供应商无法独自包揽所有制作生产以及销售环节，只是出于效率和成本方面的考虑，产品必须划分为不同的生产和销售环节，并由不同的供应商来承接其中的某一个环节,这样,生产效率和成本才是最优的。

其次,大部分的产品从生产制作到销售,再到消费者手上,总共有三个环节(如图3-1所示)。

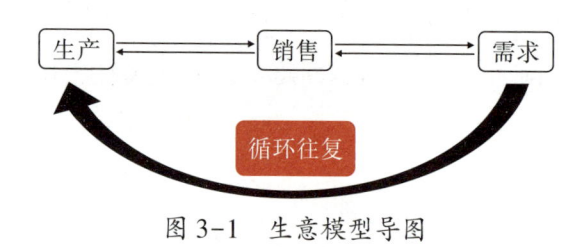

生产 ↔ 销售 ↔ 需求

循环往复

图3-1 生意模型导图

销售处于整个商品流转的中间环节,与生产和需求的距离都是最近的,更能优化商品的流转效率。

所以,从传统的商品流转环节来看,销售是最具有竞争力的,某些时候还能成为最挣钱的角色。让我们把眼界再放大一些,站在所有商品的流转环节来看,任何一家商品制造商,从严格的意义上来讲,都是相当于他的供应商和客户之间的"中介"。也就是说,所有参与到市场交易的人,都属于"中介"的角色,只是有的环节"中介"属性不明显,而有的环节"中介"属性比较明显。

03 万变不离其宗，看见变化的真相

既然大多数的生意，在经过由表及里的推敲之后，多多少少都带点"中介"属性，那么，在众多的"中介"生意当中，那些运作成功的究竟有何显著特点？让我们接着深挖，来看看这个世界运转的真相和本质究竟是什么？

我总结出来几个与"中介"生意相关的词，明白了这几个词的含义，可以大幅提升一个打工者不断晋升的可能性，也可以大幅提升一个创业者创业成功的可能性，这三个词就是刚需、高频、大基数。

刚需：如衣食住行，是我们每个人都离不开、必须要解决的基本需求。

高频：如柴米油盐酱醋茶，是我们生活中经常出现或频繁产生的需求。

大基数：我们拿上面所提及的"柴米油盐酱醋茶"

和"衣食住行"来继续说明"大基数"一词又该如何理解。

如果让你去销售与上文提及的"刚需"和"高频"相关的产品，大家都以数量"1"为计量单位，那么，哪一个产品的价格基数会是最大的呢？毫无疑问，这个答案是"房子"。

也就是说，如果可以让你在一开始就拥有选择余地的话，你一定要选择做与"房子"这个产品相关的生意，哪怕大家的利润率相当。比方说做"柴米油盐酱醋茶"的生意和卖"房子"的利润率都是3%，那你卖一瓶市值10元的酱油，也只能赚0.3元，而我卖一套市值100万元的房子，就能赚3万元。从数额上来看，这两个产品能是同一个等级的生意吗？

当然，现在的楼市属于国家重点调控的行业，我以上的论述不构成具体让你从事某个行业的建议，只是为了阐明"大基数"这个词的含义，而把"房子"用作辅助案例进行说明。

另外，每个人的就业、创业都有其特殊的人生际遇，并不是鼓励大家一窝蜂去干"销售"工作，只是为了让大家懂得如何去分辨"刚需、高频、大基数"的商品。

可是，你若是一个即将从学校毕业进入社会的学生，或者你现在正准备跳槽或是在谋划自主创业，请你一定对这三个词进行仔细剖析和思考，我相信，其结果一定会让你的未来受益无穷。

2016年年底，我彻底转行成为一名专注于制造业的投融资顾问，到客户的工厂进行拜访时，客户对我的称呼从"莫经理"变成"小莫"，再变为"莫总"。

我还是我，不管是之前在电器城从事电器营销工作，还是在机械工厂从事液压机械设备销售工作，或是在保险公司从事保险推销工作，再到现在自主创业成为投融资顾问，这些工作本质上都属于"中介"类的"销售"工作。

世事往往就是如此变幻莫测，你还是你，但你所从事的行业不同，所能带给客户的利益也不同，你所能创造的社会价值也不同……你就因此有了不一样的人生。

首先，没有第一份工作的磨砺，我不可能成为一个自律以及综合能力较强的人。其次，如若没有经历第二份工作，我不可能有机会认识当地一大批有实力的中小企业主，就不可能进入金融行业。最后，如若没有保险代理人罗师傅对我的信任，我也不可能成为一名保险代

逆流而上

理人。

自 2016 年年底,我转型从事制造业企业的投融资工作之后,工作和生活上发生了天翻地覆的变化。首先是称谓的变化,其次是与我往来的都是高净值的客户群体,收入也比之前打工时高出许多倍。从某种意义上讲,我还是我,但我通过找到变化的核心,切换赛道,用较快的时间实现了部分财富自由,从而能更早地"随心所欲"地做事。

因此,一个人究竟能成为什么样的人,与你在"销售"的产品(即选择从事的行业和职业)息息相关。

04 刷新认知，把对变化的发展脉络

把时间再往回捋，自 2010 年大学毕业后，因家境窘迫，我选择成为一名电器连锁商城的员工；2015 年因为回归家庭需要，我选择成为一名机械工厂的员工；再到 2016 年，遭遇职场危机，再次变换职业身份，成为一名保险代理人。因保险代理人的身份，第一次能自主管理自己的时间，也第一次接触到金融世界，看世界的方式和格局瞬间被打开。2016 年年底，我选择自主创业，专门协助制造业企业融资和投资，那一年我 31 岁。

我自认为很努力，也不怕吃苦，这是我最引以为豪的底气，可是仔细想想，我的每一次选择其实都是在为"原生家庭"买单，因为逃离"贫穷"，是我最初的需求，并且这个需求一直伴随着我。

如果不是因为钱，我可能不会还没毕业就一心只想着赚钱，只要有人聘请就选择马上入职，完全不考虑自

逆流而上

己的兴趣和真正的能力所在。如果不是因为钱,我可能无法在一份工作中坚持五年之久。如果不是因为钱,我在选择请辞第一份工作之后,不会进入第二家与我兴趣爱好全然不符的企业。如果不是因为钱,我肯定不会选择成为一名保险代理人。如果不是因为钱迫使我做出种种违背自我的选择,我极有可能不用等到2024年才有了重新审视自我的机会。

当然,时至今日我仍旧不敢确定目前自主创业的领域,就是我感兴趣的领域,是一份我所擅长并愿为之终身奋斗的事业。但是,我感谢目前这份事业能带给我部分财富自由。

自我成为一名企业的投融资顾问,获得了部分的财富自由和部分时间自由以后,我对人生的看法发生了变化,对金钱有了新的认知。在这里,凭借过往的经验,我奉劝每位认为自己对金钱有一定认知的人,都要重新认识金钱,不要再被金钱蒙蔽了双眼,被金钱左右了选择,从而沦落为金钱的奴隶,导致悲剧的一生。

那么,我们怎么做才能摆脱金钱的束缚呢?你可能会反驳说,你书中不是说了,大部分人的人生,从出生那一刻起,就注定了要走的道路,想要实现人生逆袭又谈何容易？

其实想要摆脱金钱对我们的负面影响，说来也简单，就四个字：控制欲望。

我常说，一个人之所以经常感到身不由己，往往都是贫穷惹的祸。而导致贫穷的两个原因，一个是自身能力匹配不上自己的欲望，这时候，我们要做的就是降低自己的欲望；另外一个是你赚回的钱都用于消费没有用于投资。这就需要你学习各种财经知识，掌握一些能让钱生钱的法子。

无论如何，你都要尽快调整到这种人生状态——当你做任何决策时，都能不以赚多少钱为标准，而是希望短暂的人生能活得更精彩，不浪费时间。这样，你才会在做决策时将你的兴趣、爱好、能力考虑进去，只有深刻领悟到这一点，你才能更加从容地应对不断变化的外界。

05 看清杠杆和整合，引领变化的发生路径

在成为一名企业的投融资顾问以后，我受益最多的一句话就是"世上万事，皆可杠杆；世上万物，皆可整合"。

20年前的企业家如果想要把一家企业做大做强，或者让企业成功上市，没有10年或者更长时间的沉淀，是不可能成功的。

但在资本为王的时代，企业借助杠杆做大做强的时间轴变得越来越短，特别是在互联网时代，所有的头部企业为了抢占市场，往往会采取用资本换取时间的战略。

很多互联网企业想要获得竞争上的优势，首先想到的不是提升产品体验，而是通过借助资本杠杆的力量，大规模地"烧钱"抢占市场，最终获得垄断优势。待到企业成功上市，投资方便可利用高估值来抛售股份，赚得盆满钵满之后轻松离场。

Part 3　适应变化，引领变化

如果在市场的竞争过程中出现了两家巨头企业相互竞争的情况，为了让彼此的利益最大化，这些企业会通过"整合"的手段成为一家。譬如2012年优酷网和土豆网、2013的搜狗和搜搜、2015年滴滴和快的，还有2015年专注于本地生活服务的58同城和赶集网等，以上这些是耳熟能详的经典"整合"案例。并且在很多的时候，"杠杆"+"整合"常常发生在同一个主体上，只是时间顺序不同罢了。

我们先说说"万物靠整合"。

以我的职场和创业经历来说，整个过程明显就是一个不断整合资源的过程。如若没有这些资源的汇总整合，我的人生肯定不是按照目前这个方向来发展的，其发展结果肯定也不是现在这样，当然，其前提是，你走的每一步路，都很用心。

再说说"万事靠杠杆"。

在细说"万事靠杠杆"之前，我要说明，作为企业的投融资顾问，我的主要业务就是帮需要融资的客户向银行等金融机构申请融资。在服务过程中，除了要了解这些客户需要的"资金"以外，还要了解他们是否还有其他需求。

逆流而上

我们将所有需要融资的客户分为两类，一类是"正常需求"的融资贷款；另外一类则是"非正常需求"融资。

"正常需求"融资的客户就是基于生产的需要，经过内部财务核算之后，预计投资利益能够覆盖掉融资所产生的成本（即利息）的一类客户。一般服务此类客户，要根据客户的资质和条件，为其匹配相应的银行贷款方案。

另外一类"非正常需求"融资的客户的主要特征是他们已经无法从银行等金融机构融资。但是可以通过直接出售他们名下的一些固定资产变现，以缓解资金紧张的经营境况。

自2016年成为一名企业投融资顾问，我们公司积累了一批手里有雄厚资金，但没有项目可投资的客户。这一批客户大部分都是从事实体制造业的，自2020—2023年全球遭遇新冠疫情，从事制造业的客户都在有意无意地缩小实体生意的经营规模，最为明显的一个特征就是回收了部分的现金流。对于这些企业而言，钱唯有流动起来才能产生价值，除此之外，这些企业主也一致认为，因为这个世界上存在"通货膨胀"，所以如果把所有的钱都存进银行，不管是活期还是定期，钱都一定是贬值的。他们对于把钱存进银行的唯一理念就是"当你踏入银行门口去存钱的时候，你的钱就亏了"。

那么，资产"杠杆"有了，资金"杠杆"有了，投融资顾问如何对它们进行"整合"呢？也许这时的你又会产生另一个疑问，为什么"非正常需求"融资客户的资产变现要找投融资顾问，而不去找房产中介呢？

这一点不仅大部分的读者想不明白，我身边很多从事房产中介的朋友也不明白，明明可以按照市场价格卖出的资产，为什么要通过投融资顾问的撮合，打折后再卖出。只能说，隔行如隔山，因为你没有从事过这个职业，并且没有以投融资顾问的身份与客户进行接洽，不知道这些"非正常需求"融资客户的真正顾虑。

首先，在东莞有融资需求的客户95%以上都是从事制造业，而制造业为了效率和成本优势，会细分成许多个生产制造环节。

也就是说，一件商品从生产制作到最后摆在商场的货架上面对消费者，会经历多个生产环节，这就意味着有多个供应商与你有生意上的往来，最终就形成了一条合作链。生意形成了链条，很自然资金往来也就形成了链条。

客户融资最常见的原因之一，就是A欠B的钱，B欠C的钱，C欠D的钱，D欠E的钱，E欠F的钱，F欠G的钱等关系，结果因为A的经营不善没有钱给B，引发多米诺骨牌效应，导致大家都缺钱，都需要向银行融资。除非有一个生产环节的供应商能把A的窟窿补上，但是这样的操作在实际的生产经营中不太容易实现。

其次，在中国，很多人做事会秉持一种"报喜不报忧"的处事态度。当他需要通过融资来解决经营上的问题时，他往往也只会选择低调行事，甚至要求投融资顾问必须恪守原则秘密行事，来帮他处理资产变现一事。

从第一个业务"融资"和第二个业务"资产变现"的买卖来看，首先，投融资顾问一职属于"销售"工作，也属于"中介"工作，这个职业符合"好职业"和"好行业"模型中第一个标准和第三个标准，即"刚需"和"大基数"。

所以，我建议大家在就业和创业之间做选择时，可以考虑"销售类"和"中介类"的职位。同时，在了解市场需求的时候，尽量兼顾"好职业"和"好行业"模型的三大要素，即"高频、刚需、大基数"。

Part 3 适应变化，引领变化

在当今竞争激烈的社会中，大家都在关注如何更好地发挥个人或组织的优势。通过运用杠杆思维，可以实现资源的最大化利用，通过整合资源，可以将零散的资源有效汇聚，形成合力。愿我们都能在运用杠杆、整合资源的道路上越走越远，实现更加辉煌的未来。

PART FOUR

懂点金融知识，

别凭"实力"
亏掉运气财

4

"钱"其实是一种最灵活的生产资料

Part 4　懂点金融知识，别凭"实力"亏掉运气财

01　搞钱很重要，知道如何搞钱更重要

"金融观"这个词很大，大到我都不知该从何下笔。

股市里面有金融股，银行及其他金融公司都被统称为金融机构，金融其实早已融入了我们每一个人的生活当中，影响着我们每个人的钱袋子，只是很多人还浑然不知而已。

社会上极少有人会提及"金融观"，也很少有人能把我们大部分非金融专业的普通老百姓需要学和必须懂的知识进行归纳和总结。而大学课堂里面"金融管理""投资学""保险学""信用管理""金融数学"等跟金融行业相关的专业，专业性又太强，这些知识学习和理解起来晦涩难懂，不太适合大部分没有系统接触过金融学的人，也不便于这部分人学习和理解，更别说是运用了。

这部分的内容就是在这样的背景下产生的，我以一个在金融行业摸爬滚打了接近 10 年的过来人的身份，搜

逆流而上

罗一些与普通老百姓日常生活息息相关的金融课题,然后用简易通俗的语言写出来与读者朋友们共同分享和学习。

不管是金融观、财经观还是经济观,这些都和钱有关系,而钱在现代社会中最直接的体现就是人们和银行之间的各种合作关系。

所以,在说"金融观"之前,就不得不提"银行"一词。

银行是一个伟大的金融机构,它将散落的资金累积起来,突破时间和地域的限制,进行更快速有效和规模化的资金集聚,从而实现国家、集体或个人更宏伟的目标。而银行在实现这个功能时,利用自身的信用从事金融业务。

了解银行,很有必要从银行的前世今生聊起。

我国的金融机构最早可以追溯到南朝时期,那时候在中国就出现了当铺。到唐宣宗时期就有"金银行"概念的出现。后来出现了钱庄,最后是山西票号,这是中国封建社会后期因货币兑换的需求而产生的一种信用机构。

票号是清代出现的一种以汇兑为主营业务的金融机

构,由山西商人创办经营。但由于资本主义的不断入侵,中国开始沦为半殖民地半封建社会,致使清末金融风潮不断。再加上钱庄、票号本身也存在着不少弱点,且对外商银行的依赖程度越来越深,导致其抗风险能力的削弱,最后钱庄、票号退出了历史舞台。

首先,我们必须认识到,"钱"本身没有价值,纸币是由国家发行的,强制使用和流通的货币,因而纸币本身是不具有价值的,只有流通的纸币才能体现出价值。其次,钱是每个人剩余劳动价值,存在银行里的钱越多,证明你为这个社会贡献的价值就越高。等到某一天你想要进行货币价值变现的时候,就可以把钱从银行里取出来,进行商品的自由兑换。最后,钱的积攒需要付出时间,不管你是从事体力劳动抑或脑力劳动,你所攒的每一分钱都是你花费大量的时间堆砌起来的。你有了钱但却不用钱,把钱都存在银行里面,而创业的人需要钱,由于钱的积累需要时间,为了节省时间,他们付出一定的资金使用成本把钱从银行借出去。这个过程就相当于创业的人,最终使用了你的"钱"来帮他们赚取更多的"钱"。许多人由于没有正确认识到钱的本质,错过了很多本可以赚钱的机会。

逆流而上

我们要认清一个事实。为什么许多人忌惮让外界知道自己向银行"借钱"呢？很好理解，借钱的背后肯定是缺钱，缺钱的背后是"实力"不足，而"实力"究竟"足与不足"没有标准可衡量，实力的"足与不足"也只有自己才知道，很多人也不希望别人知道自己的真正实力。一旦牵扯到"家底"的秘密，基本上没有哪个人愿意让外界知晓。

我们还要认清一个事实。在某些时候，"借钱"是一件值得向外界"炫耀"的事。

我们要清楚一个实际情况，如果我们想要从银行里面借钱出来，一靠信用，二靠抵押。

银行出借给你钱，是你用信用、资产作为"担保"，实力越强额度便越高。换一种说法，也等同于你从银行借到的钱越多，越能证明你的信用和资产实力强。

很多人终其一生都无法理解，"钱"其实是一种最灵活的生产资料，传统观念认为，一分耕耘一分收获才是赚取财富的不二法门。但通过付出自己的时间和劳动来收获财富，并不是创造财富的唯一道路，也不是最快的致富路径。

比如，我们可以通过聘请他人为自己工作，这是借

Part 4　懂点金融知识，别凭"实力"亏掉运气财

用了人力杠杆。再比如，还可以用钱来做投资，让钱生钱，这是借用了资本的杠杆。让赚钱成为一件当我们睡着的时候也能产生收益的事情，这才是赚钱的奥秘所在。

我们把"钱"当作生产资料，用于购买人力、物力，更快速地积累财富。这样一来，我们就可以有更多的时间来做自己真正感兴趣的事情，从而"延长"了自己的寿命。

从今天起，请摒弃掉"借钱可耻"这个陈腐的观念。当然，如果好吃懒做，企图通过向身边的人"借钱"度日，然后把所借之钱用于花天酒地，则另当别论。

同时，从今天起，请牢牢记住，钱是最灵活的生产资料，除了可以用于消费，它的另一个更重要的作用是用来做投资，让钱生钱。

如果你之前靠辛勤劳作、省吃俭用积累下来的信用和资产，还无法支撑你快速地实现财富和时间自由。那么，正确使用你的"信用"和"资产"向银行等金融机构进行"融资"来加"杠杆"挣钱，从而更快速地实现财富自由和时间自由，可能会是你实现人生自我价值的一条光明大道。

逆流而上

02 初入社会，第一笔必须拿的钱

既然资本的杠杆对我们如此重要，那有没有一些资本杠杆是可供年轻人使用的呢？在本章节开讲之前，我先向读者朋友们普及两个关于资本杠杆的概念，这对正确地引导大家使用资本杠杆非常有必要，既是为了更好地深入理解资本杠杆的最原始种类，也是为了避免误导年轻人错用资本杠杆后陷入"债务"的风险之中。

向银行等金融机构进行融资的常见形式有两种，即信用贷款和抵押贷款。

信用贷款，是相对于抵押贷款而言的，也就是贷款申请人无需向银行提供任何的抵押品而获得授信额度的一种融资方式。

在此，我着重介绍个人贷款申请者该如何凭借自身的信用资质向银行等金融机构申请贷款。

面对一个刚踏入社会的年轻人、无资产者申请贷款，银行惯常的做法是，从以下两个方面来全面评估借款申请人的信用资质。

首先，银行会先咨询和了解你的工作情况。因为借了钱意味着后续要还钱，而还钱意味着你得先有收入。大部分的年轻人、无资产者，其收入几乎都是工资性收入。

这时候的你要记住，切勿为了贷款而虚报一些与实际情况不符的信息。比如最常见的一些错误做法是没有工作却说自己有工作、每月3千的工资说成3万、没有社保却说自己有社保等。简而言之，就是在申请贷款时千万不要"无中生有"，一定要实事求是。

在向银行等金融机构提供这些虚假信息时，你可能会想"我提供的这些情况不管是否属实，只要提前做好相关的'准备'工作，银行也不会怀疑"。如果此时正在阅读本书的你也是这样认为的，那就太小瞧银行等金融机构了。

当你把相关的工作和收入情况介绍完毕，银行在提交你的贷款申请之前，还会让你登录当地社保局、公积金等网站进行核查，这些信息，基本上都无法造假，通过平台验证便知真伪。

逆流而上

其次，银行在提交资料后，还会让你填写一份"征信查询"的授权书。要知道，征信报告上包含了一个人截至征信被查询当日的七大类信息，具体如下。

个人基本信息：包括但不限于姓名、性别、身份证号码、出生日期、婚姻状况、居住地址、联系电话等。这些信息用于识别个人身份，并帮助银行等金融机构评估信用情况。

信贷交易信息明细：展示个人在不同金融机构的贷款和信用卡信息，如贷款种类、金额、还款记录、逾期记录等。这些信息反映了个人的负债情况、还款能力和信用状况。

查询记录：显示过去一定时间内（2020年1月19日上线的第二代征信系统，查询记录显示的时长为两年内）金融机构查询个人信用报告的次数，包括查询日期、查询者和查询原因，频繁地查询可能会影响银行的决策结果。

公共信息明细：包括公积金缴纳记录、社会保险金缴存记录等，这些信息反映了个人的社会责任感和财务状况。

其他信息：包括水、电、燃气等公共事业的缴费情

Part 4 懂点金融知识,别凭"实力"亏掉运气财

况,以及欠税记录等。这些信息有助于银行等金融机构来评估个人的信用状况和社会责任感。

信用提示和信用违约信息概要:提供关于贷款、贷记卡逾期记录的信息,以及其他相关的信用提示。

授信及负债信息概要:概述个人在金融机构的授信总额和当前的负债情况。

所以,当你在向银行等金融机构申请贷款时,千万别以为自己能比银行更聪明。而且,对于某些信用贷款,银行还会派遣对应的经办人上门调查与核实你所提供资料的真实性。

信用贷款最常见的种类其实是"信用卡"。信用卡的持有者以年轻人居多,因为信用卡本身的发放条件就是以个人的信用资质为主,年轻人作为未来社会的中坚力量自然受到银行的青睐。而且信用卡的主要用途为"消费"(银行有明确规定不能用于生产),并且授信额度往往较小,作为小额消费主力军的年轻人也自然而然会成为银行信用卡的最佳用户。但要提醒的是所有的信用卡持有人,在你每一次刷卡消费之前,都要铭记以下两点。

第一,移动支付增加消费便利性,使得消费的费用基本上都是通过微信支付、支付宝等"无感"手段支付

逆流而上

出去的，虽然"无感"，可实际上都是真实的货币，希望你在每次支付前，自己都能把这些"数字"换算成实实在在的"货币"，当换算成货币后你仍旧愿意消费时，这样的支付才是没有问题的。

第二，除了用于生产，所有的消费支出都是实实在在的负债，你今天的消费有多痛快，明天还款就有多痛苦，所有的债务都需要偿还。今天可能为了某方面的"爱好、兴趣"等买单，明天就都需要用真金白银来偿还，未来自己的收入能否偿还当下每一笔的提前消费，这个问题值得你在每一次的透支消费之前想清楚。

信用卡如刀、如斧，善于持刀把斧的人，能用刀使斧来切肉砍柴，来帮自己的生活增添色彩。弄巧成拙者，则如持刀斧行凶作恶，最后落得负债累累，深陷债务的怪圈中无法自拔。

但即便如此，我依旧建议每一个人都要熟悉信用卡的使用规则，因为信用卡有着许多其他产品所不具备的特点。

信用卡，是年轻人认识资本杠杆的首选工具。

钱是除劳动力/脑力之外，最重要的生产资料。懂得将钱当作生产资料的人，往往要比将劳动力作为生产资

Part 4　懂点金融知识，别凭"实力"亏掉运气财

料的人更快地创造和积累财富，从而更快地实现财富自由和时间自由。

绝大部分年轻人刚踏入社会的时候，往往是一穷二白，除了满腔的工作热情和充裕的时间以外，别无他物。这个时候，小额信用卡就是年轻人进入"资本"世界的最佳路径。

因为只要你有正规的工作，单位能通过银行给你代发工资，能帮你购买社保和公积金等，你就等同于有了跟银行申请信用卡的基础了。

可万一用人单位的工资是使用现金发放的呢？那你就尽量让财务给你转账，不管是转到银行卡、微信抑或支付宝，尽可能让你的所有工作收入，都能以电子化的形式呈现。因为这些数据是你付出辛勤劳动的"证据"，是银行在审批发放信用卡时的必要条件。

对于公积金和社保，某些用人单位为了减少用工成本，会以补贴的形式发放而不直接缴纳。切记，用人单位能按照国家的用工标准帮你缴纳社保和公积金固然最好，万一对方以各种理由不帮你缴纳时，你就要与用人单位进行沟通，公积金和社保尽量都缴纳，特别是社保一定要缴纳，哪怕你个人承担的部分比例高一点也要缴

逆流而上

纳。这些是你在这个城市生活的印迹,是你在某个公司奉献青春的见证,这些是在官方平台可以核查的数据,对信用卡能否审批成功以及信用卡授信额度的影响,都是至关重要的。

对于年轻人来说,信用条件未必有,个人固定资产也未必有,但是,只要你不好吃懒做,轻松找份工作是完全没问题的。只要能找到工作,并能够坚持下来,就有了向银行申请信用卡的资质。信用卡是我们了解金融世界资金杠杆的最高效认知途径,有助于我们培养良好的"资本杠杆"意识。

信用卡不同于传统的融资形式,传统的融资,只要你的申请通过审批,银行给你授信的额度基本上是固定的,就连还款期限和每月的还款金额基本也是固定的。

截至 2024 年,一般人新申请信用卡的额度普遍在 1 万至 10 万之间,半年过后,银行会重新审核你的征信条件以及你持卡半年以来的使用情况,来综合考虑是否给你的信用卡提高授信额度或者降低授信额度。

一般来说,只要你的信用负债(一般表现为其他信用贷款授信额度加信用卡的总授信额度,以及信用卡的总持有张数等)在信用卡使用期间不会突然间增加很多,且你每月都及时还款，那么，随着使用时间增长，信用卡也会升级，也就是我们平常所说的信用卡"提额"。

也就是说，使用信用卡的时间越久，刷卡和还款习惯足够好，就可以把信用卡的额度"越养越大"。理论上，信用卡的额度是无上限的。

想要用好信用卡，我们还得了解与信用卡息息相关的两个关键时间，即"账单日"和"还款日"。

账单日，即你在账单日之前所有消费的一个汇总结算日，所有的信用卡都会按照规定和用户使用习惯设置一个固定的"账单日"和固定的"还款日"。这两个时间虽是银行在信用卡审批以及制卡邮寄之前就已经设置好的，但其实，这两个时间是可以被更改的。

举个例子，假设现在是2月，你持有一张某银行的信用卡，银行给你设定的账单日是每月的3号，还款日是每月的25号。那么，你在2月3日之后一直到3月3日之前的消费，都会在3月3日当天被汇总到一起成为当月的信用卡账单，然后一直到3月25日之前必须一次性还清，当然，消费后选择分期还款的不在本次讨论范围内（如图4-1）。

即从2月4日以后，一直到3月3日期间所有你的刷

逆流而上

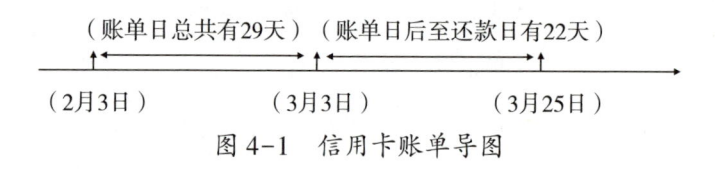

```
（账单日总共有29天）（账单日后至还款日有22天）
（2月3日）        （3月3日）        （3月25日）
```

图 4-1　信用卡账单导图

卡消费，都可以推迟到 3 月 25 日之前一次性还款给银行。

我们再对上文提到的"固定"二字进行简要说明，其实"账单日"和"还款日"都可以根据你的需求来修改。

修改"账单日"的操作方式也极其简单，就是致电对应银行的人工客服，告知自己的需求就可以办理。需要提醒的是，修改账单日需要提前把信用卡透支的金额全部还清，并且不同银行对信用卡修改还款日有不同要求，比方半年才能改一次，或是一年内只允许修改一次等。

对于想要申请信用卡的你，我有以下两点建议。

第一，希望你能把信用卡的持有及使用，变成你进入和了解"资本世界"的一种高效路径。

第二，银行不是慈善机构，大部分行为归根结底都是为了盈利，在使用信用卡时必须问问自己，为了某种结果来使用信用卡而付出的额外成本是否值得？

Part 4　懂点金融知识，别凭"实力"亏掉运气财

信用卡使用的两大禁区：套现和分期。

信用卡的使用也不完全只有利处而无弊端，"套现"和"分期"就是最为明显的两个"坑"。

信用卡套现，即使用 POS 机利用信用卡进行违规刷卡套现，然后再把从信用卡提出来的钱用于"非消费"领域，这种行为违反了信用卡的使用规定，存在极大的风险，持卡人一旦发生信用卡套现行为，银行便无法监管其资金的真实使用情况，对资金的使用领域是否合规存在极大的不确定性，从而导致信用卡坏账率的增高，下文我将从不同层面来为大家讲解信用卡套现的危害和弊端。

从法律层面来说，信用卡套现是一种违法行为，违反了国家有关金融业务特许经营的规定。信用卡套现是指持卡人通过虚构交易等手段，以非法手段绕过银行提现，将信用卡额度内的资金取出。这种行为不仅严重损害了银行的利益，也必将导致不良资产的增加，给整体金融秩序带来不稳定性，持卡人一旦被发现有套现行为，也将面临个人征信受损、信用卡被降额或封卡的风险，甚至可能涉嫌违法犯罪。

一方面，信用卡套现给银行带来巨大的风险。信用卡作为一种无担保的借贷工具，银行为持卡人提供信用

额度，但风险也相应增加。正常的消费行为是可预测的，而信用卡套现则是不受控制和监管的，持卡人可能在短时间内套取大量资金，给银行带来较大的经营风险。此外，很多套现交易的资金流向难以监控，为洗钱等非法活动提供了便利条件，增加了银行的法律风险。

另一方面，信用卡套现往往涉及虚构交易，通过伪造消费记录等手段来非法获取资金。这违反了监管部门对信用卡使用的规定，信用卡本身是为消费而设，不是用来虚构交易取现。信用卡套现的方式使用户绕过了一般的信用卡取现额度限制，可以套取较大金额，这也可能导致用户承担过重的还款压力，无法按时偿还，从而破坏金融市场的稳定。

虽然，监管部门对信用卡套现持零容忍态度，但由于非法套现与正常消费之间区分难度较大，使得很多套现行为并没有被严格查处。然而，信用卡套现涉及虚构交易和欺骗银行，以非法手段获取大额资金，与骗取贷款的行为具有相似的犯罪本质。若持卡人进行大额套现后无法按时偿还，其行为可能构成骗取贷款罪。

信用卡分期还款是一种常见的还款方式，它允许信用卡持卡人在一定时间内将一笔消费或账单分成若干期进行支付,但通常需要支付一定的手续费,下文我将详细介绍信用卡分期还款的利弊。

信用卡分期还款可以将大额消费或账单分解成若干个小额支付,从而减轻持卡人的经济压力。虽说能减轻一次性支付的压力,但是信用卡分期还款的弊端也很明显,在我所接触过的客户失信案例当中,很多失信人的失信行为都开始于信用卡分期还款。

首先,手续费较高且会占用额度。信用卡分期还款需要支付一定的手续费,每期要缴纳的手续费不会随着本金的减少而降低,一般来说分期的期数越多,手续费便越高。另一方面,信用卡可用额度被分期额度所占用,可以使用的额度也将对应减少。

其次,影响信用记录。如果持卡人经常使用信用卡分期还款,会影响个人信用记录,进而影响到未来的信用评级和授信额度。

最后,会产生债务风险。如果持卡人频繁使用信用卡分期还款,容易导致债务累积和逾期还款等问题,增加了个人债务的风险。总之,信用卡分期还款既有优点也有缺点,持卡人在使用时,应根据自己的实际情况和需求进行选择,并注意合理安排还款时间和金额。

> 逆流而上

03 征信报告,值得你拼命去守护的生钱基础

2019年3月10日,时任中国人民银行副行长陈雨露,在围绕"金融改革与发展"答中外记者问时表示,现在征信很多都用到了社会领域,我们看到很多男人找女朋友,未来的岳母说,你得把人民银行的个人征信报告拿来看看。的确,一份征信报告比你所能看到的信息还要更加全面。

个人有个人的征信报告,企业也有企业的征信报告。征信报告,是每个人都要"拼了命"去守护的东西,唯有征信报告所呈现出来的数据是良好的,甚至是优秀的,你才能在金融世界中获得强大的助力,征信报告不好或有明显的污点,会让你在金融世界中寸步难行。

那么,什么样的征信报告是好的,什么样的征信报告是不好的呢?

下面,我从三个方面来全面审视与每个人的金融生

Part 4 懂点金融知识,别凭"实力"亏掉运气财

活息息相关的征信报告。

(1) 负债情况一览表:抵押贷款和信用贷款。

一般人的抵押贷款表现为买房和买车时的按揭抵押,我们统称为"按揭抵押贷",银行一般不认为按揭贷款是"负债",反而视为"资产",因为房子、车子属于人的刚性需求,并且能够买房买车的人,银行会认定其已经具备了一定的经济基础,毕竟房贷和车贷属于较为长期的贷款,需要贷款人每月定时偿还一定金额的贷款。

接着,我们再来看看信用贷款。

信用贷款是指以借款人的信誉发放的贷款,借款人不需要提供担保物。目前大部分人名下如有其他金融机构信用贷款的,一般以网贷居多,如果你本身有网贷的经历和不良记录,银行往往会因为你名下网贷的存在而拒绝你的某些贷款申请。

从抵押贷款和信用贷款的区别来看,一个人如果想要从银行等金融机构进行融资,正确做法应该是优先使用银行的信用贷款。

如果因为贪图便捷,在网贷平台进行融资,那么你可能再也不能向银行等更优质的金融机构进行融资贷款,纵使可以勉强通过审批,其额度也会大打折扣,资金成

逆流而上

本也可能大幅增加。

（2）逾期情况一览表：单次逾期和连续逾期。

逾期基本只有两种，即单次逾期和连续逾期。

从字面上来看，逾期就是欠钱没还或是没有及时还款。银行等金融机构把钱借出去，无非只是想各取所需，银行想要赚取利息，你想要银行的资金进行周转。而一旦发生逾期，不管单次逾期还是连续逾期，你就是一个有信用污点的人。

信用污点背后有两层意思。

第一，你的计划能力不行。明知道某月某日需要还款，结果你忘记了，或者没有提前把这一笔需要偿还给银行的钱准备好，最后导致到期需要偿还的钱没还上。

第二，你的经济能力不行。在你所签署的借款合同中，都会明确地告知每月需偿还多少贷款，可你还是逾期，证明了你在逾期之前债务结构已发生变化，这个变化导致了你连征信都已顾及不暇。

大家要知道，征信污点是会连续五年保留在征信报告上面的。

在银行等金融机构看来，连续逾期的时间越久，再增加贷款的难度就越大。

除此之外，如果一个人连续逾期之后，对应的"贷款类型"还会被列为以下三种状态，这三种状态分别是"止付、呆账、冻结"，一旦你的征信报告出现上面这三种状态中的一种，那么，你基本上就与正规的银行等金融机构再无合作的可能了。

（3）查询情况一览表：三个月内和半年之内。

按照征信报告的内容罗列排序，我们最后来了解一下"查询记录"。

在了解查询记录之前，我们先得认识与查询记录相关程度最大的两个关键词，即"贷款审批"和"贷后管理"。

首先查询记录里面有"机构查询记录明细"和"个人查询记录明细"，通常情况下银行等金融机构所说的"要看你的查询次数情况"，指的是"机构查询记录明细"的内容，而非"个人查询记录明细"的内容。

而在"机构查询记录明细"里面，最常见到的内容就是"贷款审批"和"贷后管理"。

贷款审批指的是对应债务人在相应银行等金融机构进行贷款申请，"贷款审批"的次数越多，间隔的时间越短，对债务人再次申请贷款便越不利。反之，则越有利

逆流而上

于债务人。

这里需要特别强调一个现象。随着科技的发展和移动互联网的普及,在各大社交平台和视频类平台,随处可见各种诱导消费者的贷款链接,其中最大的噱头就是让你轻松一点,即可轻松"测额"。

要知道,在这些滥竽充数的网络贷款广告中,大部分平台皆属于"中介方",即它本身不是债权方/资金方,当你在手机屏幕前轻轻一点"同意",或者进行人脸识别"通过"之后,网贷平台即默认你同意了所有的授权,平台上全部债权方/资金方都会来查询你的征信,而单家债权方/资金方每查询一次,你的征信报告就会显示为一次"贷款审批"。这意味着,你签1次字,平台则有可能会查询你的"贷款审批"1~10次,所以,为什么说"远离网贷,幸福终生",因为网贷的"信息差"和"便捷性",极有可能会破坏你在资本世界的融资征信基础,让你的征信报告陷入"万劫不复"的境地。

如果一个人在一段时间内没有进行过任何"贷款审批"的动作,那么在他的"机构查询记录明细"里可能显示最多的内容是"贷后管理"。

"贷后管理"指的是你与原合作银行等金融机构在合

作过程当中,银行等金融机构为了能动态掌握你的最新信用情况,无需经你本人同意而对你征信报告进行查阅的一种行为。

如果银行对你进行"贷后管理",发现你的整体征信是趋好的,可能就会以此为依据,帮你提升信用卡的额度,或者给你的信用卡增加一笔额外"备用金"。反之,则会对你的信用卡进行减额或提前收回贷款,其他金融机构进行"贷后管理"的依据也是如此。

那么,什么样的"查询次数"是银行等金融机构认可的呢?当然,肯定是"贷款审批"的次数越少越好,甚至没有最好。按照当下政策,银行往往会看贷款申请人最近三个月内或半年之内的"贷款审批"次数,而大部分银行一般要求的"贷款审批"查询次数为三个月内不超过4次,严格一些的融资贷款方案,也有可能是要求半年内不得超过4次或6次等,这没有统一的定论,只能依据不同时期、不同银行及不同融资产品来确定。

关于贷款查询次数,我们再来谈谈"个人查询记录明细"这一栏。

所谓的"个人查询记录明细",指的是个人通过中国人民银行征信中心授权的线下网点,或通过中国人民银

逆流而上

行的互联网个人信用信息服务平台,以及各大手机银行的 App 进行个人征信报告查询的一种行为记录,此类查询一般显示为"本人查询"。

虽然"个人查询记录明细"不作为银行审批贷款时的主要依据,但如若查询的次数过于频繁,也会导致银行在审批贷款时,存在一定的疑问和顾虑。

查询记录会显示你最近两年的所有查询记录,除查询记录以外征信报告的其他内容,目前的记录时长是五年,不过如果存在"呆账、止付、冻结"等情况,其存续时间就会更长,甚至终身记录都是有可能的。

了解完"征信报告"的相关内容以后,我们也就能理解为什么"征信报告"是我们每一个人"生钱"的基础,以及是值得我们"拼了命"都要守护的东西,因为一旦"征信报告"出现问题,可能就会导致我们在"资本世界"里寸步难行。

关于征信报告,还需要再说一句,如果一个人从来没有和银行等金融机构进行过合作,那他的征信报告则会显示一片空白,也就是我们俗称的"白户"。

切记,"白户"并非最优质的征信报告,因为对于银行等金融机构而言,一个征信属于"白户"的客户,意味着银行无法了解他的还款习惯是否良好。如果作为第一家给他发放贷款的银行,除非申请人有资产作为抵押,或是有稳定的职业和收入等,否则,其能审批通过的贷款数额一般都不会太大。

逆流而上

04 关于买房和买车，你的决策思路对了吗？

金融生活中与我们息息相关的要数"买房"和"买车"这两件大事了，而且大部分的人在遇到"买房"和"买车"这两件大事时，都会在"全款购买"和"按揭贷款"两个选择上犹豫。另外，如果选择按揭贷款，在时长方面，究竟是选择短期限还是长期限呢？还有，在还款方式的选择上面，究竟是选择"等额本息"还是"等额本金"呢？

下面，我先从买房开始，为大家一一解答心中的疑惑。

买房，是人生经历的重大事件之一。

谈婚论嫁要买房，孩子读书要买房，好像买房已经成为许多人、许多家庭必定会遇到的重大事件之一。那么，当我们在买房时是"全款"还是"按揭"？我们该如何思考和决定呢？

Part 4　懂点金融知识，别凭"实力"亏掉运气财

全款买房，一般适用于家庭条件比较殷实的人。不管是上班族还是做生意的人，如果自己有一笔足以全款支付购房款的资金，而这笔资金在短期比如5~10年内都无需动用，甚至已经作为定期存款存在了银行里，那么毫无疑问，此类群体买房就一定要选择全款。道理很简单，全款买房能减少很多额外成本，追溯过去的10~20年，把钱存在银行里面，其收益往往都要比买房办理按揭贷款的利息要低。

而按揭买房，是当下绝大多数人的选择，毕竟面对高昂的购房总价，大多数人很难一次性拿出全款，并且不少人为了减少按揭贷款的利息支出，可能会选择按揭期限较短的贷款，这样一来，每个月的还款总金额自然就会增加，影响家庭的整体生活水平，这也是很多买过房的人都会遇到的"痛点"。那么，究竟该如何选择才对呢？

按揭买房，首先你要先了解银行给我们提供的还款方式之间有何不同，即"等额本息"和"等额本金"的区别。

等额本金和等额本息的区别有：定义不同、利息不同、月还款额不同、适用人群不同等。

逆流而上

1. 定义不同

等额本金，指每月应还本金相等的一种还款方式。

等额本息，指每月还款金额相等的一种还款方式。

每月还款金额=每月应还本金+每月应还本息，因此等额本金与等额本息的定义有一定的区别。

2. 利息不同

等额本金利息＜等额本息利息。

比如贷款100万元，分30年还、年利率为4.9%，那么等额本金利息是73.7万元，等额本息利息是91.1万元，等额本金比等额本息少了17.4万元。

3. 月还款额不同

等额本金，月还款金额不相等，首月还款最多、逐月递减，末月还款最少。

等额本息，月还款金额相等，但其中的应还本金与应还利息分配不等。

4. 适用人群不同

由于每月应还本金相等、月还款额逐月递减、总利息相对更少，等额本金更适合前期资金充裕、想节省利息、计划提前还款的人群。

等额本息由于每月还款金额相等、前期主要偿还利

Part 4　懂点金融知识，别凭"实力"亏掉运气财

息、后期主要偿还本金，因此更适合每月工资收入稳定、月供压力小的人群，且不适合提前还款。

**一张图告诉你
等额本金和等额本息的区别**

贷款100万30年，利率4.9%

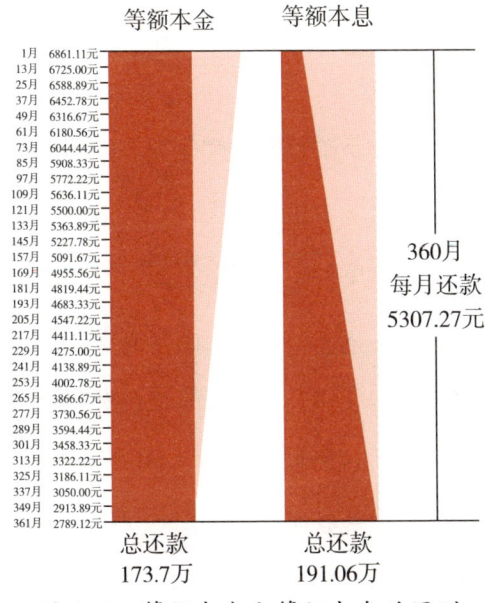

等额本金	等额本息

月份	金额
1月	6861.11元
13月	6725.00元
25月	6588.89元
37月	6452.78元
49月	6316.67元
61月	6180.56元
73月	6044.44元
85月	5908.33元
97月	5772.22元
109月	5636.11元
121月	5500.00元
133月	5363.89元
145月	5227.78元
157月	5091.67元
169月	4955.56元
181月	4819.44元
193月	4683.33元
205月	4547.22元
217月	4411.11元
229月	4275.00元
241月	4138.89元
253月	4002.78元
265月	3866.67元
277月	3730.56元
289月	3594.44元
301月	3458.33元
313月	3322.22元
325月	3186.11元
337月	3050.00元
349月	2913.89元
361月	2789.12元

360月
每月还款
5307.27元

总还款
173.7万

总还款
191.06万

图 4-2　等额本金和等额本息的区别

除了以上区别，很多购房者还忽略了两个现实问题。

第一，**忽略了因通货膨胀而导致的货币贬值问题**。

很多购房者在买房计算利息时，往往会把贷款年限下的利息总额汇总在一起，特别是选择了 30 年按揭贷款

的，会发现，30年累计下来的总利息与贷款本金基本持平，会觉得自己充当了冤大头。

虽然这种算法在逻辑上没有错，但当你从当下开始倒推30年回到过去，30年前的100元与现在的100元，它们的实际购买力能相同吗？

事物的发展是动态的，我们也必须要用动态的眼光来看问题。

因为这个世界存在"通货膨胀"，多年以后，你会发现，你的债务在无形中被"稀释"了，也就相当于债务在无形当中被"减免"了一部分。

认为"债务"被"稀释"还存在另外一个主观原因。大多数人在买房时，往往都在适婚年龄，也就是23~30岁之间，而这时候大部分人刚刚迈出校门进入社会不久，其收入水平处于上升阶段，所以，随着收入水平的不断提升，你会明显感知房贷的压力在连年不断地减少。

第二，**一部分人在买入了第一套房产之后，可能会基于多方面的因素中途进行房产置换。**

最常见的情况就是"小房"置换"大房"，或者因为工作调动，卖掉原有的房子选择到新的城市再次买房

Part 4 懂点金融知识，别凭"实力"亏掉运气财

等。这样一来，相当于拿一大笔未来不确定是否需要全额支付的钱，来恫吓现在可能收入不高的自己，这种想法无异于是"杞人忧天"。

买房进行按揭贷款，可能是很多人一生中唯一一次使用银行低成本资金杠杆的机会，特别是在早些年，房价不断上涨的时候，房产极具金融属性，很多人使用银行的资金杠杆买入了许多房产，然后在恰当的时机抛售离场，从而赚得盆满钵满。

比如价值 100 万元的房子，首付 20 万元，另外的 80%全部使用银行资金作为杠杆，假设你在房价上涨到 200 万元的时候卖掉房子，200 万元的售价减去 100 万元成本净赚 100 万元，若买房与卖房的间隔期越短，首付的金额越少，贷款的期限拉得越长，你的杠杆率便越高，扣除还贷期间的所有本金和利息，自然也就能赚得越多。相当于，你只用 20 万元就撬动了一笔价值 200 万元的生意。

当然，在国家对楼市进行宏观调控的背景下，不建议大家再上杠杆去买房，特别是炒房，以上建议只针对有刚需购房的人而言，买房时选择还款方式和贷款期限时，不能只是一味地计算总贷款成本，而忽略"通货膨

胀"以及"短期置换房产"的可能性。

买车不同于买房，因为车子从资产的长期价值来看，是跌的，银行等金融机构也会针对不同的商品属性实施不同的金融政策。

首先，买车与买房的贷款期限不同。买房的贷款期限最长可以是30年，而买车做按揭的贷款期限最长只能是5年，期限越短，就意味着每期的还款金额会越大，贷款人的还款压力便会相应增加。

其次，买车与买房的还款方式也不一样。大部分人在买车时会采取"等本等息"的还款方式。买车的贷款成本之所以会比较高昂，在于汽车的贬值速度相当快。一般新车落地就要打7折到8折，再往后会逐年递降，直至残值剩余1折到2折之间。所以，银行都希望在尽量短的期限内回收贷款本金和利息。

最后，买车与买房进行贷款时还有一个最大的不同点，就是首付比例不一样。房子不管是在看涨期或看跌期，因为价格相对较为稳定，并且自身的使用寿命较长，首付比例一般为1成至3成，银行等金融机构可贷款的比例为70%~90%，杠杆率较高。

而买车的首付比例大部分为5成，所以，买车的总

Part 4 懂点金融知识,别凭"实力"亏掉运气财

价虽然要比买房更低,但因为这两种产品本身的金融属性和杠杆率不同,我更建议在决定买车之前,要谨慎考虑,除非是另一种特殊的买车"需求"。

随着我国居民收入的不断增加,以及生产效率的提高,汽车已经走入了千家万户。在买车之前,请认真地思考一个问题,汽车只是一个代步工具,一台5万元的车和一台10万元的车,其本身的功能、舒适度以及安全性一般不会相差太远,无需动辄就要购买数十万元甚至上百万元的豪华车辆,但我认为有一种情况除外,那就是开展业务需要一辆高品质的车。

需要提醒的是,任何形象包装对你的加持都只是一时的,取得成功的关键,还得靠你本人。如果你本身是"良人",那么车子、房子、手表、服饰等外在形象的适当包装,就是你通往成功的加速器;反之,如果你本身非"良人",那么这些包装,也会成为你走向灭亡的助推器。

05 银行里面那些不为人知的"门道"

既然资本世界里的"资本杠杆"对我们如此重要,那么,当我们需要向银行等金融机构进行融资时,什么样的人和企业更容易获得银行等金融机构的低成本资金呢?

想要获取银行的青睐,我们要站在银行的角度来思考,什么样的人和企业才会是银行所喜欢的客户?

首先,银行的最大利润来源于存贷利差,自然放贷业务就是银行最为重要和最为常规的业务之一,而银行在决定审批一笔款项之前,会把所有的贷款申请者视为"人格分裂患者",从而把放贷风险和损失控制在最小的范畴之内,这是什么意思呢?

第一个你:正常的你。

银行等金融机构愿意就你目前所提供的抵押品或是职业前景给你审批贷款,相信你能每月按时还款付息,到期后顺利回收。

Part 4　懂点金融知识，别凭"实力"亏掉运气财

你借银行的"鸡"来生蛋，然后把"鸡"生出来的"蛋"拿出部分来分给银行，作为机会成本补偿给银行，因为银行把钱借给你，就意味着不能把这笔钱再借给其他人来进行消费和生产。银行最不希望看到的就是你的工作或你创办的企业在借款期间发生重大变故，导致彼此之间的合作要往双方都不愿看到的方向发展，甚至被迫进行法律诉讼。

因此，在这种情况下，银行会用第二种眼光来看待你：非正常的你。

万一你中途被辞退了，万一你的企业破产了，万一你突然之间就不想还钱了……

所以，银行会以"稳定性"和"可持续性"作为出发点，全面审核和匹配你所提供的信息，以此判定你的条件与其"稳定性"以及"可持续性"的吻合度，吻合度越高的人和企业，能审批通过的机会和额度也便越大。也是基于这种"稳定性"和"可持续性"的审批机制，导致银行背负了许多不该有的"骂名"，例如"嫌贫爱富"和"只会锦上添花，不会雪中送炭"等。

这也正常，凡是工作稳定的人，或是发展良好的企业，往往是不需要向银行等金融机构进行融资的。反之，

逆流而上

恰恰是处于"动荡环境"中亟须变革的人和企业,才有可能需要向银行贷款。可是,这样的人和企业未必就意味着"高风险",只是相对于"稳定性"和"可持续性"的人和企业而言,其"风险"系数会高一些,动荡过后的"经营"结果也是多面的,既有可能更好也有可能更差,当然也有可能是平稳过渡。

那么,是不是意味着向银行申请贷款就无章可循了呢?

并不是。银行关于贷款的这些统一的审核标准,能为个人和企业指明一条"奋斗"道路,即什么样的薪资待遇和企业是我们打工者所追求的,什么样的企业经营效果是作为创业者需要去努力达成的。

银行对打工者的贷款要求。

对于上班族,银行最看重的是上班族名下的固定资产。首先是房产,因为房产可供抵押,现在的房产在大部分银行的评估标准中仍旧属于香饽饽。

其次是工资的"代发"数额,毕竟工资的高低,能直接表明一个人在企业中的竞争力和职位高低,但有很多的企业为了避税,把员工的大部分工资从私人账户转到私人账户,或者直接使用现金进行发放,而通过私人

Part 4　懂点金融知识，别凭"实力"亏掉运气财

账户转账和现金发放形式的这部分资金，大部分的银行是不将其计入你的收入范畴的。

再者是看你的公积金缴纳情况，比方缴纳基数和余额的多少等，因为一般能帮员工缴纳公积金的企业，要么是公共企事业单位，要么是一些经营情况较为良好、实力较为雄厚的民营企业，这样的企业，其稳定性和可持续性经营能力也会更好。

如果你在一家企业里工资很高，但企业就是不帮员工购买公积金和社保，我建议就算社保的费用都得由你个人来承担也一定要买社保，毕竟社保除了能在个人向银行等金融机构进行融资时作为主申请条件，还能在看病时当保险用，为你的健康保驾护航。公积金在买房时也有大用处，并且，用公积金贷款时，利息要比商业贷款的利息低得多。

如果你已经通过自己的努力买了房，那么恭喜，你已获得了银行最为看重的条件。当然，无房者也别灰心，从现在开始，从银行代发工资开始，从购买公积金和社保开始，这些相应的数据在时间累加的效应下，一定会在你需要的时候发挥其应有的价值。

如果你想辞职创业，并且也需要向银行融资来作为

逆流而上

创业的启动资金，那么一定要在离职之前，利用好工作中所累积的各项数据，先向银行进行融资贷款的申请，因为这些数据一旦停止、中断，就又和银行所重视"稳定性"和"可持续性"的审核原则相违背了。

银行对创业者的贷款要求。

对于创业者来说，名下所拥有的固定资产（特别是房产类资产）在银行的评估标准中仍旧是排在首位的，毕竟，资产的"稳定性"和"可持续性"都是最好的，如果能将这些固定资产抵押在银行，不管借款人的经营状况发生了什么样的变化，固定资产最后都能作为"兜底"的还款来源，银行的放贷风险也就能大大减少。

创业者开办企业一般都要办理营业执照，有营业执照的公司一般都需要到银行开立公户。我们最常见的营业执照有两种，一种是个体工商户，一种是有限公司，个体工商户的经营流水则体现为银行的收款二维码，有限公司的经营流水则体现为公司在银行公户的流水账。

个体或企业的流水，就属于银行第二重视的贷款资质，因为经营流水最能直接体现组织经营的情况，银行还能通过流水来反推经营者的净利润。

按照企业融资贷款条件的重要性来排次序，依次是

Part 4 懂点金融知识，别凭"实力"亏掉运气财

固定资产>公户流水>纳税情况>开票金额>私账流水等。当然，如果涉及较大金额的融资贷款，银行往往还会核实企业是否完成三流合一，即对信息流、资金流、物流进行交叉验证，以此来确认流水、发票和纳税的真实性。

其实，大部分的创业者都需要向银行进行融资贷款，都要跟银行打交道。经营状况好的时候需要资金来支持企业规模扩大，经营状况差的时候需要资金来支持经营周转，这是很多创业者在经营时都无法绕开的话题。

可现实的情况是，很多创业者为了少纳税，让很多经营收入进入了私人账户。这样一来，当企业需要以此作为条件来向银行进行融资贷款时，便无法呈现出企业真实的经营数据，从而导致无法从银行等金融机构拿到自己所需的资金。

当我们能以最优的经营面貌，从银行拿到低成本的资金后，要兑现与银行借款时所签订的还款协议，按时还款不逾期。

在这里，我们还是要"老生常谈"一下：要么有能力，选择不贷款；既然选择了贷款，就要有能力选择不逾期。

PART FIVE

要逆流而上，
先改变认知

5

"成长性＞薪资报酬"

"行业趋势＞经验递增"

01 如何把"贫穷"变成"富有"？

穷人的孩子早当家，但是人穷志不能穷。这句话从字面上来理解也再简单不过，我们今天要探讨的，是在当今社会物质生活条件较为富足的情况下，我们该意识到"穷人的孩子早当家"和"人穷志不穷"对我们有着另一种意义。

现在"穷人"的孩子大多数都不再是"生活条件"上的贫乏，更多的是体现在"精神世界"里的匮乏。

随着现代社会生产效率的大幅度提升，社会分工的不断细化，还有人口出生率的不断下降，劳动力将会变得越来越稀缺和越来越"值钱"。

这里所说的"值钱"有两层含义。

第一层含义指的是，因为整个社会生产效率的提升，人们平日所需的基本生存资料才能得以以更低的价格获得，同样的劳动力付出能换回更多的基本生存资料，现

逆流而上

在的孩子大多不知道"饥荒"二字为何物，很多人在生活中浪费食物，购买各种用不上的日用品。

第二层含义指的是，由于生产效率的提升和各个生产环节的细分，拥有较高学历以及在某个行业、某个学科的专业人才更有价值。

在以前，大家基本上都是靠体力来赚钱，待遇没有太大的差异，但如今一个在工厂车间上班的工人和一个在华为公司上班的工程师，其待遇可谓天差地别。

对于人生定位平庸的人而言，生存资料的丰富，能轻易满足他对平凡生活的要求。可对于人生定位卓越的人而言，生存资料的日益丰富会磨灭掉一个人对卓越生活的追求。

因为家境贫穷，所以要脱离贫穷，越是贫穷，脱离贫穷的愿望就越是迫切。这是很多事业上有所成就的人的共同认知。没有比"穷怕了"更好的理由，能使一个人使出浑身解数来改变命运，因为这事关一个人最基本的生理需求。按照马斯洛需求层次理论分析，一个人需求层次越低，改变的渴望越大，能被激发的潜力便也越大。

所以，这是一个在老一辈人身上明显可见的"努力源",可如今,这个"努力源"带来的动力正在减弱。有相当一部分年轻人置于"大娱乐"环境之中。各类社交软件、游戏软件、视频软件可以把一个人一天的时间都消磨殆尽,而沉浸于其中的人却全然不知。这种生活节奏日复一日、年复一年,最终导致碌碌无为的人生,丢失了自身的创造力。

想要破解这种困局,就要给自己制定目标。

我自2016年进入金融行业成为一名企业投融资顾问,在与客户互动时有一个明显的感受,客户在未与我发生实际的合作之前,都只是把市场上同质化较为严重、市场价格较为透明的产品交由我负责,而此类产品因为同质化、价格透明化导致利润率也极低。经过一段时间的实践后,我从中找到了问题的根源所在。

(1)我的"外在身份"与目前的服务对象(特别是对于有融资需求和项目投资的客户)极不对等,无法取得对方更大的信任。

我进入到金融行业之后,接触的第一批客户基本都是机械工厂的存量客户,这些客户身价不菲,而我的"外在身份"与服务群体存在明显差距,我要想得到客户的信任,确实需要加一点"实力"才更有说服力,例如购置一辆品质相对高的车。

（2）2016年我进入金融行业以后，主要业务就是帮客户购买人寿保险、车险、企业团体险以及企业和个人的融资和项目投资等业务，但大部分客户最终不愿意与我谈及投融资业务，是基于我"保险代理人"的身份。

那为什么客户会排斥"保险代理人"的身份呢？首先，是因为很多保险代理人，在销售保险时，把保险当成"万能保险"来进行销售和推广，这使得很多人对保险代理人这个身份抱有"看法"。

其次，是因为普通保险代理人很难通过"融资"这项业务帮客户从银行等金融机构"搬钱"，融资业务、项目投资业务与保险业务所需的能力和实力相差甚远，如果只是从事保险业务，你所销售的产品及所代表的"身份"并不需要用"实力"来证明，更多的是靠职业背后的组织，可若想要打开金融投资业务的大门，就得向客户展示你优于常人的"能力"，而这个"能力"的最好佐证就是你的身份、地位和实力。

因此，要想了解客户真实的经济状况和资金需求，前提是要顾客相信你。而人与人在交往当中，往往都是因为"看得起你"，再有"相信你"，这个顺序很多人都搞错了。

因此，我们可以适当投资自己，提升自己的"配置"，比如购买一辆高品质的车。

做生意时，豪车能为自己带来便利，已经是许多生意人的共同认知。总体而言，一个开价值 10 万元和一个开价值 100 万元车辆的人，他们所能接触到的客户群体和所能经手的生意大小，甚至所能获得的生意利率都是不一样的。因此，我计算了购买一台高品质的车三年下来的每月月供，再反推业务带来的利润，而想要赚到这些钱，又需要成交多少业务？要想完成这些业务需要去找哪些客户？需要拜访多少个客户？

人性总是趋利避害的，虽然你可能实际上没有你所展示的那么好，但你一定要"装"得很好，久而久之你会发现，不管是吸引力法则，还是心理暗示，确实在身份对等之后，你会发展越来越多的业务，你会发现你真的成为能与这些"美好"相匹配的人。

总结来说，就是人为地制定具体目标，从而给自己提供源源不断的"努力源"。

人穷志不能穷，还要懂得与"金钱"保持适当的距离。

逆流而上

人穷志不穷,是指人即使处在贫困的境地,也绝不能丧失斗志。

随着生产效率的大幅度提升,如果只是考虑个人温饱,确实无需"摧眉折腰事权贵",但当你成家后,上有老下有小,可能随时会遇到"为五斗米折腰"的窘境。

网络上曾经流行一句话:"中产有三大坑,贷款上千万,配偶不上班,孩子上国际。"

这句话说的就是当今社会在各种消费观的诱导下,贷款买房买车的压力、家庭日常开销的压力和孩子教育的压力,俨然已经成为压在家庭身上的三座大山,迫使每一个普通的打工者不敢随意辞职,哪怕鼓起勇气选择跳槽,在挑选新的工作时,首先要考虑的因素从来都不是个人的兴趣爱好及个人所擅长的领域,因为自己所感兴趣的、所擅长的工作,未必能为自己带来最高的薪酬。

可人的一生何其短暂,我们不妨从工作的时间线上捋一捋。

假设你20岁毕业进入社会工作,30岁成立家庭结婚生子,60岁退休,一生当中只有40年时间用于工作,扣除三分之一的时间用于睡觉,三分之一的时间用于休息娱乐,真正能用到工作上的时间其实只有13年。

Part 5　要逆流而上，先改变认知

而人一旦成立家庭以后，工作上所有的抉择基本会把"经营家庭"这个因素放在首位，无法以个人的兴趣爱好等因素作为出发点，去寻找自己心仪的职业和创业方向，从而造就了自己庸碌无为的一生。

年轻人志不穷，体现在做职业规划时绕开"钱"。

首先，对于刚踏入社会的年轻人，他们正处于工作时间最为充裕，精力最为旺盛，学习能力最为高效的时期，在做职业规划时，要尽量以自己的兴趣爱好作为切入点，因为前期就业的工作经验积累，一定会成为你后期职业发展的跳板，甚至成为你日后取得创业成功的基础条件。

其次，除了要把兴趣爱好和个人所擅长的领域放在首位，来作为选择职业的重点因素之外，还要考虑所处行业的趋势，即判断所处行业是属于朝阳行业还是夕阳行业。

正所谓顺水行舟，事半功倍；逆水行舟，不进则退。

要知道，如果你身处朝阳行业，那么只要努力，你就能比处于夕阳行业的人收获更多的财富，更早地实现时间自由以及自己的人生价值。可是，一旦你身处夕阳行业，纵使付出极大努力，仍旧会觉得一年要比一年难，

逆流而上

非但薪资不见涨,职位的上升通道也将越来越窄,而且随时都会感受到职业危机,就像沙滩上的热浪不断地迎面袭来。

最后,年轻人就业时第三个需要考虑的因素,仍旧不是薪水,而是企业的规模。

虽然有人对小型企业的就业情况进行过分析,认为在小型企业工作,可以接触到更多岗位,可以更快增进自己的能力,其实,这是一叶障目,不见泰山,极其片面的说法。

毕业之后的第一份工作大概率会对你后续的职业生涯,甚至创业生涯造成深刻影响,这要求你对毕业以后的第一份工作,不要有退而求其次的想法。

任何大企业的发展都是从小到大,而且,一个10人的企业和一个100人的企业,对管理者的管理能力要求也是不同的,不要奢望你能在一家从零起步的企业干成元老级的老功臣,更不要奢望你一毕业就进入的小企业最终都能发展成大企业。要么,你会受不了小企业的无序管理而早早地知难而退,要么,就是企业会倒闭在你递交辞呈的前一刻。要知道近10年来我国的中小微企业的生命周期只有2.5年至4年。

Part 5 要逆流而上,先改变认知

所以,我建议年轻人,毕业以后找工作,尽量要找大企业。在大企业工作,不管是晋升空间,还是各种培训机制都比较完善。再者,现在很多大企业内部都有轮岗制,如果想要申请调岗,大企业所能提供给你的选择一定比小企业更多。

上述内容都与"钱"相关,一种让你"亲近钱",一种则让你"远离钱",看似矛盾,实则不是。

让你"亲近钱",是当你还没有找到自身的"动力源",不知道该如何努力和拼搏时,"亲近钱"就是一个最容易让人产生动力的源泉。让你"远离钱",是当你进入社会,在寻找一份与自身兴趣爱好以及自身能力高度匹配的工作时,远离"钱"这个干扰性极强的诱惑,才能让你更容易找到心仪的工作,从而更早地实现自我价值,这两种情况出现在不同的人生阶段,互相独立,互不干扰。

逆流而上

02 创业的决策,你做对了吗?

创业有风险,下海需谨慎。创业的风险远大于就业,就业选错了,顶多消耗一些时光,耗费一些青春,可是创业若选错了,轻则伤筋动骨,重则倾家荡产。

创业的风险主要体现在两个方面。

第一,高成本投入。这里的成本指的是"资金成本"。

我居住和工作的地方是广东省的东莞市,这里以"世界工厂"闻名中外,以制造业为主的工厂里配备了许多大型机器设备,还聘请了许多普通工人。

这种类型的企业投资成本较高,譬如厂房每月的租金和水电费用,工人的工资以及社保公积金的缴纳等,还有厂房的装修投入,这些对创业者而言都是一笔不菲的成本。

在经济状况好时,工厂利用资金的杠杆进行投资,于是，东莞大部分的工厂都是实行两班倒工作制，机械设备一天24小时转个不停。

在工厂经营状况好时，许多工厂老板说在车间听到机械设备运转的声音，就如同听到美妙的音乐一般，因为机械设备不是在做"产品"，而是像印钞机一样在不间断"印钱"。

可是一旦经营状况不好时，工厂的亏损也如同洪水猛兽一般吞噬投资者的原始积累，这也是最近几年越来越多人倡导创业者做生意要"轻资产"运营的最主要原因。

第二，高能耗投入。这里的能耗指的是"人的时间和精力"。

从时间的自由维度上看，创业者远不如打工者们自由。还有另外一种现象，现在大部分年轻人在工作上稍微遇到一点不顺心的事就辞职，试问，创业者如果不开心，可以随便请假和辞职吗？绝对不行！

创业者从创业的第一天开始，基本上就是"007"（指0点上班，0点下班，一周连续工作7天）了，特别是对于创业初期的创业者更是如此，你唯有上班公司才能正常运转，干累了想要稍微休息一下，想想公司的经

逆流而上

营立马又得打起精神工作。

有一句话说得好:"没有一个好身体的人,千万不能创业",意思是创业对人的身体消耗非常大。如果说就业考核的是就业者某一方面的能力是否及格,那么,创业考核的是一个创业者的全方位能力,创业者要是一个全才,甚至某些行业对创业者的要求极高,创业者要具备各种各样的能力才能玩转企业。

既然创业的要求如此之高,那么对于创业者有没有一些具体的建议可供参考?

答案是肯定的。对于创业者而言,要坚守的一条信念就是"行业趋势>经验递增"。

很多创业者极其容易犯一个共同的错误,那就是"经验主义"的错误。

首先,大部分创业者在创业之前都会有一段打工的经历,会用之前的就业经验作为创业的基础,可是一个人离职去创业,很多时候并非是看到所在的行业前景良好,可能只是因为工作感受上感觉"良好",认为自己进入到这个行业也能做好,甚至比现在所就职企业要做得更好。

我建议,创业者在选择创业方向时,一定要把"经验"放在第二位,把"行业趋势"放在第一位,因为选择大于努力,如果选择一个自己熟悉但已处于没落阶段的行业,可能你在短时间内会比同行的竞争对手活得"轻松"一些,但你一定会一年比一年活得更累,在经济效益上也很难取得大的成就。

可是"行业趋势"该如何判断呢?有没有具体可行的建议可供落地参考?

答案是肯定的。总结为一个公式,即"大势认知(趋势)+刚需/高频/大基数(需求)+流量/杠杆(方法论)"。

这个公式同样适用于准备进入社会的年轻人,在就业之前作为就业指导,下文将对这个公式进行详细分析。

大势认知(趋势):就是创业者对行业大势的认知,这需要我们多关注国际和国内的时事政治,譬如多关注时事新闻。

另外,现在的新闻类 App 基本都实现了新闻时效的高效率传播,可以让每一条重大新闻快速地呈现在每一个普通人的面前,譬如现在关注度较高的行业:新能源行业、物联网行业、AI 行业、养老养生行业、宠物行业等等。

逆流而上

刚需/高频/大基数（需求）：这在前面的章节讲过。

刚需，即大家都需要，每个人都离不开、必须解决的基本需求。

高频，即今天需要，明天需要，后天也需要，譬如柴米油盐，唯有每个人都用得上的产品，才有大市场。譬如"我不生产水，我只是大自然的搬运工"的农夫山泉，虽然商品的单价并不高，但因为"高频"，成就了高销量，同样能铸就出中国首富。

大基数，即需要支付大价钱才能获得的产品，譬如金子、车子、房子，哪怕利润率再低，因为商品的单价足够高，所以其利润额也会比其他低单价的产品高得多。

流量/杠杆（方法论）：创业做生意所需要的大模型其实就一个，唯一的一个，即"产品+销售"。在如今买方市场，这个大模型里面较为关键的因素就是"销售"，而"销售"最为核心的就是"客户"（流量）。

譬如线下开百货商店的，为什么都很重视选址，而且往往要选择人流较为集中的居住场所，然后在附近租下一个铺位，这种做法相当于是用租金来换取铺位附近的人流量，其本质跟线上电商的竞价排名购买流量是相同的。所以不管什么生意都需要有销售对象，只是线上的客户不叫客户叫流量而已。

同时,做生意一定要懂得在恰当时、必要时、合适时使用"杠杆"来扩大生意规模,而常见的杠杆形式有三种,即"资本杠杆""劳动力杠杆"和"互联网零边际成本杠杆",包括用钱换取流量本质上也是杠杆的一种。

资本杠杆:用别人的钱来为自己赚钱。比如说用投资人的钱,一个只懂得用自己的剩余劳动价值做生意的创业者,其生意规模一定无法做大做强,虽然"头有多大就只戴多大的帽子"是一种备受赞扬的务实工作作风,可是在资本杠杆盛行的当下,一个风口从出现到结束的时间,正在不断地被资本缩短,如果不懂,甚至不敢借助资本杠杆来扩大规模,要么会错过投资机遇,要么就注定赚不了大钱,因为别人通过资本杠杆的方法,一定会把你挤出市场,哪怕这个风口是你第一个发现的,现实就是如此的残酷。

劳动力杠杆:通过聘请他人来为自己工作,然后把自己的时间放在更重要的事情上,如掌控企业的走向。

互联网零边际成本杠杆:这个概念源于互联网电商的崛起,互联网电商企业的运营模式区别于传统线下门

逆流而上

店的运营模式,在线上开网店做生意,不管你卖的商品数量是多少,对于电商平台而言,所需成本都远低于传统线下门店。如打造个人 IP、卖课程或是线上直播带货等形式,不会因为多卖课给一个人,或是直播间多一个人观看,就要为此而付出更多的劳动和成本。

随着互联网货架电商的终结,而视频自媒体时代内容电商的崛起,互联网零边际成本的杠杆方式,给了许多普通人改变命运的机会,因为互联网客户群体数量极其庞大,每个人都有平等的机会,所以只要你敢于在自媒体时代做自己,便能在互联网世界中占有自己的一席之地。

03 找对就业和创业的正向增强回路

世上唯一不变的，就是变。

当一个人的现状发生变化时，往往会导致两种结果，一种是比现状更好的结果，一种是比现状更差的结果。

因此，我们要重点关注，当我们的境遇变差时，我们该如何应对？我们该以何种心态和方法来适应变化，甚至引领变化的发生，让变化朝着对我们有利的方向发展？这里有两种应对的思路，这两种思路是递进的关系，由浅及深、由易到难。

第一种思路：不管事情发展到何种境地，我们都要坚持做正义的事情。

第二种思路：提升认知→通过实践使用工具检验认知→使用杠杆加速实践→受到不确定因素影响后重新调整认知，进入下一个阶段，然后不断循环往复。

先来说说第一种思路，何谓"坚持做正义的事情"？

逆流而上

当我们遭受磨难时,千万不要埋怨上天不公,不要有"躺平"不作为的行为,继而让当下的境遇变得越来越糟糕。

要知道,埋怨和"躺平"只能让你发泄一时的怒气,并不能真正使你当下的境况产生实质上的改变,更何况,泄愤和"躺平"只是一种无能的表现,说明你没有能力扭转危机。

所谓坚持做正义的事情,指的就是坚持做"正能量的事情"。譬如积极、守信、努力,相信一分耕耘一分收获,绝不期待不劳而获;相信量变才能导致质变,绝不期待一蹴而就;相信天生我材必有用,绝不认同英雄无用武之地。即便被生活摧残,却依旧相信生活的美好。

一言蔽之,坚持做正义的事情,就是要你保持乐观,知道一切代表美好的事物终将会降临到自己的身上。

当一个人能够坚持做正义的事情时,不管他遇到什么样的变化,都能以最快的速度适应变化,而人唯有快速地适应变化,才能沉得住气、静得下心来,用最佳的心态和思想准备来面对变化,甚至引领变化的发展趋势,化险为夷。

所谓"危机"一词诠释的也是这个概念,当你秉持

Part 5 要逆流而上，先改变认知

"坚持做正义的事情"的理念时，便能以"正知、正见、正思维"来快速适应变化，甚至能从变化的"危"中寻找"机会"，这是适应变化的第一步，从心态上先要认可发生的一切皆为合理的存在。

接着说第二种思路，即我们适应变化以后，该用什么样的方式来引导变化往利好的方向去发展呢？见图5-1所示。

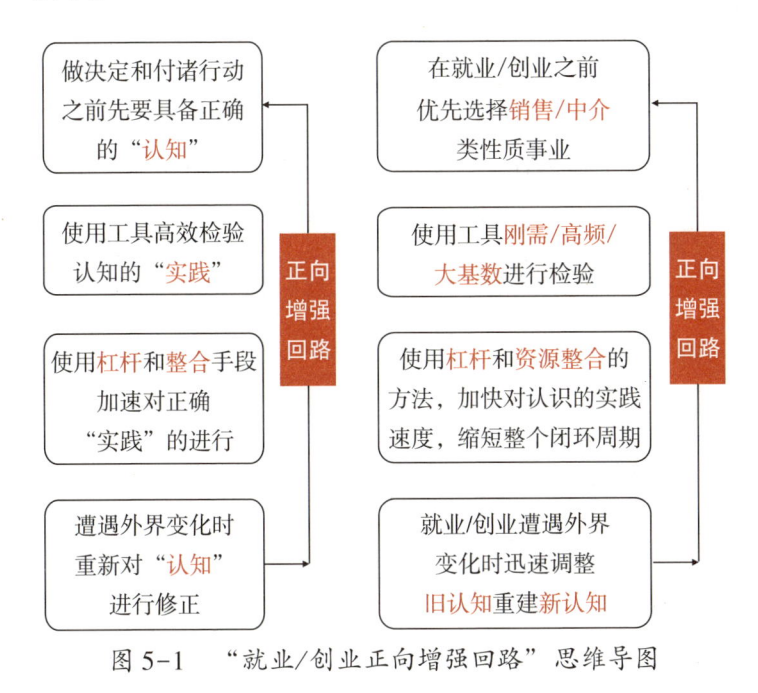

图5-1 "就业/创业正向增强回路"思维导图

不管是打工者还是创业者，适应变化后的第一个任务，便是要快速地改变自己的认知，找出导致现状变差的真正原因，然后用"刚需、高频、大基数"来检验自己的认知是否正确，一旦确定认知正确，在恰当的时候使用"杠杆"和"整合"手段快速推进自己的工作或扩大经营规模。一段时间后随着市场的变化必定会再次产生偏差，这个时候就又需要重新进入到检验认知阶段，不断循环往复。

在这个"就业/创业正向增强回路"思维导图中（图5-1），我必须跟大家聊聊该如何建立起正确的认知。

人的认知大都来源于自己的过往经验，由于每个人自身过往经验都存在一定的"局限性"，比如职业的局限性以及自身能力的局限性，我们的认知会长时间停留在某一个层面上，无法向上突破，这时候我们就需要通过一些方式来突破"信息茧房"，而突破个人"信息茧房"最有效的方式有两种，即在保持充分"好奇心"和"开放性"的前提下，去见识更多"高人"和读更多"好书"。

俗话说"阅人无数，不如高人指路"。见识更多的"高人"指的不是在自己原本的圈层里去随便见更多的人，没有设立标准而去见更多的人，只会浪费你宝贵的时间，甚至让你徒增更多的烦恼。

Part 5　要逆流而上，先改变认知

假如你是一个从事制造业的创业者，你就找出你所在行业或相似行业里面的佼佼者，使用一切方法和手段与对方建立联系，然后争取见面沟通的机会。假如你是从事线上电商生意，也可以用同样的方式，找出同行业或相似行业里的佼佼者，付费学习对方的课程或是参加线下的私享会等。

要注意的是，见识更多的人不是没有标准和方向，一定要尽早脱离"无效社交"，制定自己的"标准"，现在的互联网如此发达，只要是你想，总有方式能够链接得上，关键是要舍得下本钱、舍得付费，摆脱"白嫖"思维，因为免费的才是最贵的。

第二种方式是读更多"好书"。书中自有黄金屋，书中自有颜如玉，浅显地说就是读书能为我们带来财富和好的配偶，其实这是有一定道理的。

在我们改变命运的三种途径中，"读书"就是其中的三分之一。但也要切记两点，读书之前也要提前设定自己所想要获取知识的标准和方向。

一是，不读太多与自己设定的标准与方向无关的书，如果不太确定所读之书是否符合自己所设定的标准和方向，可以在快速通读之后，提取该书的中心思想，看其

逆流而上

是否符合自己所设定的标准和方向，一旦符合，再进行精读，这样一来，就不会在不符合标准和方向的书籍上浪费过多的时间。

二是，不要把读书和观看手机混为一谈，看似都是"读"，但二者能给予阅读者的收获和体验却相差甚远。

如果想要在专业知识领域取得提升，手机给予观看者的效果一定远不如传统书籍好，手机本身具有社交和娱乐属性，更适合我们平日进行社交和娱乐。

从手机上获取的知识都是碎片化的，观看者基本无法形成全局性认识，更不要说对人的启发能够给予系统性的帮助。

但传统书籍不一样，早在造纸术未被发明之前就已经流行"读书"，当时记载文字的载体不叫书本而叫竹简。所以，从传统书籍中去获取知识，才是我们获取专业知识和技能应该使用的方法。

关于改变自我认知，总结起来就是："见识更多的人，特别是'高人'"；"读更多的书，特别是传统书籍中的好书"。但不管是"见人"还是"读书"，都需要提前设定自己"见人"和"读书"的标准和方向。

04 长寿，靠什么？

每个人的生命只有一次，每个人来到世上都是为了最大化地实现自我价值，而最大化实现自我价值的关键在于有足够多的时间去过自己想要的生活。

对于大多数人而言，都是平凡地过完一生，我们只能靠延长生命的长度来最大化实现自我价值。而对于有天赋之人，则可以靠提前实现财富自由，从而实现时间自由，给予自己更充裕的时间去实现自我价值，通过提前拓宽生命的宽度来享受自己的人生。

从这两个维度上讲，人想要获取幸福、享受生活，一种方法是保持身体健康；另一种方法则是提前实现财富自由，继而实现时间自由，提前对自己的生命有更多的掌控权，从而提前实现自我价值。

假如我们的一生都围绕着财富转，那么身体健康就是这些财富前面的 1，而配偶、子女、房子、车子、金钱诸如此类，都是这个 1 后面的 0，假如 1 不在了，后面的 0 再多对于我们而言都将失去意义。

作为一个靠运动提升自身身体素质的人，我有以下感悟跟大家分享。

（1）自律都是反人性的，所有能做到专注于某件事情的人，都是因为这件事的背后有既得利益。

（2）适合自己的就是最好的，在不断尝试各类运动的过程中，我发现，没有哪一种运动是最有利于健康一说的，只要适合自己的，就是最有利于自己健康的，包括运动强度也一样，适合自己的就是最好的。

（3）任何一件事情的成功都可以通过刻意练习来实现，找到自己的兴趣爱好和自身能力优势，通过不断实践，最终定能达成目标。

一个健康的体魄，能让我们更容易实现长寿的目标，可健康与长寿却不能够保证我们能享受到生命的乐趣，因为生命的乐趣，往往和我们能否实现自我价值息息相关，虽然健康和长寿是前提条件，但对于普通人来讲，在科技日新月异的当下，健康和长寿在未来的生活当中，可能会成为大多数人的"标配"，但是实现自我价值，才是值得每个人追求的更高目标和人生理想。

Part 5　要逆流而上，先改变认知

衡量一个人是否长寿的标准，不应该只是看生命的长度，更应该重视生命的质量，而与生命质量密不可分的因素，就是实现自我价值。

如果能实现财富自由，在某种意义上能更好地帮助我们实现自我价值。

实现财富自由的最重要途径，就是要不断地创造"被动收入"。股神巴菲特曾讲过："如果今天你还不能找到一个连睡觉都在赚钱的方式，那你将一直工作到死。"

所谓的被动收入就是不用花费太多时间和精力，就可以自动获得的收入。例如出租房产、科研专利等。

我们在这里重点介绍创造被动收入的其中两种有效方式，一种是传统的线下"收租"模式，另一种则是线上的"自媒体"模式。

先说说买房"收租"。

买房收租，这是最常被人误解的一种方式。因为很多人都混淆了"资产"和"负债"之间的关系。所谓"资产"，就是买入之后能给你带来源源不断的现金流，很多人把资产和负债搞错了，觉得自己买的是"资产"，却不知道所谓的"资产"正在从他们的口袋里把钱抽走。

譬如你的房子是拿来住的，这样的房子不能为你带

逆流而上

来额外收入，又或许你的房子虽然在出租，但你还要还房贷，二者相抵租金小于每月需还贷的金额，这套房子其实就不是你的"资产"而是你的"负债"。

再说说"自媒体"模式。

自媒体从微信公众号开始，就成为许多普通人实现人生逆袭的路径，再到现在各类视频App的普及，互联网打破了物理距离的限制，通过打造个人IP能拥有的线上流量，完全不逊色于一个城市超级购物中心的人流量。

移动互联网的崛起，重构了整个销售场景，做广告和找代言人不再局限于一线明星，销售产品也不一定要在人流量大的线下商场租借一间黄金铺位，想要把商品卖出去，也不再依赖各个地方的各级代理了，越来越多的"素人"摇身一变，成为日进斗金的"商人"，这在10年前是不可想象的。

让我们再看看另外一组数据。

截至2023年9月，微信日活跃用户达到了10.8亿，抖音日活跃用户达到了6.8亿，拼多多日活跃用户达到了3.8亿，头部互联网企业的"马太效应"正在发生，这些超级App把全国甚至全球的人都链接到了一起，销售场景的人员集中性前所未有地增强，对于没有电商等线上销售经验的商家而言，拥抱电商平台，搭建线上销售渠道迫在眉睫，超级 App 的崛起，也给了普通人实现人生逆袭的机会，打造个人 IP，将越来越成为普通人逆天改命的机会。

为什么提倡"勇敢做自己"才是打造个人 IP 的不二之选呢？

因为互联网的海量信息会导致"印刻效应"，在网络中大家永远都只会记住第一名，也就是我们平常所说的"头部效应"，因此在互联网世界打造自己的个人 IP，绝不能照搬照抄，除非你愿意永远只当第二名。

我们可以看到，现在靠自媒体起家的百万富翁、千万富翁基本是通过打造专属 IP，等到粉丝量增长到一定程度，再利用"卖课程""线下私董会""直播带货""打赏""接广告"等形式来实现变现。

人生在世，想要获得长寿和幸福，一是在于通过适当的运动保证身体的健康，二是要想方设法化主动收入为被动收入，并让被动收入的数额不断增大，最终尽快实现财富自由。

逆流而上

05 不要管经济的好坏，
只要管好自己的脑袋！

2023年的房贷余额历史上第一次下降，这是我国自2016年12月提出"房住不炒"以来第一次下降。其次，2024年中国人民银行开年即宣告降息，5年期以上的LPR降至3.95%。

为什么国家要降低购房贷款利率？因为整个楼市的买卖供需关系发生了重大变化，房子太多而买房子的人太少，2023年按揭买房金额，比提前还贷的金额还要少，房贷市场出现了明显的倒挂现象。

虽然降低利率是为了刺激大家买房，可是房产这类金融属性极强的商品也如股票一般，往往都是"追涨不追跌"，因为人们都怕"踏空"，一种金融属性极强的大宗商品越是呈现出涨价的趋势，人们便越是蜂拥而至，可一旦呈现出价格下跌的趋势，人们更容易出现集体出逃，从而造成此类大宗商品发生更严重的"踩踏"事件，

Part 5 要逆流而上，先改变认知

直至探底价位这个拐点的出现。

现在大部分人不买房不是因为利率太高，因为利率的高低其实是相对的，真正的原因是购房者口袋里的钱越来越少、同时没有多元化渠道增加收入，或者口袋里有余钱的准购房者对自己的未来收入预期不佳时，同样也会延迟买房计划甚至选择租房而不买房。所以，除了要降低购房成本，还要想方设法增加老百姓的收入渠道。

想要逆袭人生、改写命运需要刷新认知。

第一个需要刷新的认知：不要怕"负债"，特别是在高通胀时期。

当我们满足了必要的生活需求而有所盈余时，可以将剩余的钱放到银行去收取一定的利息，银行会把我们的劳动剩余出借给别人来收取利差，而把钱从银行里面给借出去的人或组织，会进一步把钱作为一种生产资料投放到整个市场当中，通过聘请更多劳动力，来帮企业家完成财富积累，周而复始，循环不断。

于是，社会就出现贫富分化的问题，有钱的会越来越有钱，没钱的人会越来越没钱，只因其中一方敢于使用"杠杆"这种经营手段，这就是"金钱"世界的真相。

在大家都看明白了"金钱"世界的真相以后，还要

逆流而上

了解另外两个金融名词,即"通货膨胀"和"通货紧缩",这两个名词与"杠杆"一词密不可分,缺一不可。

通货膨胀,简而言之就是钱不值钱,钱会被不断稀释,也就相当于间接降低了你的负债,无形中免除了你的一部分债务,所以在通货膨胀时期,要少持货币而多持固定资产,特别是那些不能被随意超发和随意稀释,并且金融属性更强的资产。

通货紧缩,简而言之就是钱更值钱,在这种情况下,我们的负债要越少越好,要多持货币少消费少投资,因为整个社会的货币在减少,整体消费欲望降低,商品供过于求只能降价出售,企业和工厂的生产直接减少,裁员和减薪将成为常态,整个社会不管是打工者还是创业者都会进一步内卷,这个时候我们要想方设法提升自身的价值。

第二个需要刷新的认知:出生、婚姻和学习都是我们实现人生逆袭的途径。

人生能够改变命运的三次机会,即"出生""婚姻"和"学习",我就自己的经历和体会来谈谈这三次能改变人生命运的机会。

在什么样的家庭出生,不可选!

Part 5　要逆流而上，先改变认知

父母的文化素养、家庭的经济条件、家里的宗亲族群、家庭所在的地区等等这些条件，在我们出生之前，就是确定的。

所以，埋怨父母、埋怨家境、埋怨这些一出生就已注定的一切，都是无济于事的。这就好比你路过一条古巷，看到一棵参天大树挡在大路的中间，你非但不会选择埋怨，反而会识趣地绕开它，然后继续往你的目的地前进。

如果你能理解以上观点，以后就不会再因为出生前的家庭条件而埋怨父母和家庭。

那是不是因为出生的家庭无法被选择和更改，我们就直接跳过"出身"这个话题了呢？这个话题就不值得我们深入探讨了呢？

答案是否定的，在关于家庭的诸多问题当中，有一个关于"原生家庭"的问题值得深入聊一聊。

有一句话叫"如果你的出身不好，那么，你将要用一辈子来为你的原生家庭赎罪"。

很多出身不好的人，在童年、少年和青年时期，都体验过很多刻骨铭心的"痛"，导致成年以后，都在为逃离"原生家庭"所带来的"痛"而买单。

著名哲学家黑格尔说："存在即合理。"凡事既有不

逆流而上

好的一面，必定也会有好的一面，关键要看当事人能否去发现和挖掘这好的一面。

在满足最基本的生存需要以后，当需要做判断和抉择的时候，除了要考虑"钱"这个因素，还要考虑家庭因素，特别是对于一些商业合作，不要事事计较，要放宽自己的眼界。

如果没有一个美好的"原生家庭"，请及时和尽早地释怀并接纳"原生家庭"所带给我们的一切，因势利导，让"原生家庭"带给我们的伤痛，能为我们后面的时光所用，成为我们获取人生幸福的动力而非障碍。

既然"出生"不可选择，那我们总要抓住能改变人生的另一个选择，即"婚姻"。

第二个改变人生命运的机会是婚姻。为什么说"婚姻"能够改变命运，因为好的配偶能在经验、金钱、人脉等关键因素上对你有所帮助，两家人的力量总比一家人的要强大。

第三个改变人生命运的机会是学习。学习是大部分人能真正改变命运的重要途径。

如果说"出生"不可选择，"婚姻"靠机缘，那么就只剩"学习"能改变我们的命运。

Part 5　要逆流而上，先改变认知

在此之前，我们要先厘清一个观念，这里所指的"学习"不单是九年义务教育，中考、高考和上大学这一条路径，这里的"学习"指的是终身保持学习的习惯。

这个世界上唯一不变的，唯有变。

你可能通过应试教育获得了较好的效果，譬如取得高学历等，这能让你更好地融入这个社会。可是，人生是一场马拉松，而非百米冲刺比赛，如果一个人不能抱有"终身学习"的态度，他极大可能会在外界环境发生变化时，被这个社会无情地淘汰。

从我的切身经历来说，在我参加第一份工作时，公司所招聘的当批次应届毕业生有大专生和本科生，虽然同属一个公司，但本科生的岗位和薪资起点要比大专生高。

可是考核期一年半过后，拿还留在企业的本科生和大专生相比，大专生反而能比同一批次的本科生表现更加优异，我认为这跟"终身学习"的态度是分不开的。

而且，有些"出身"条件优越的人，从一个较长的时间段来看，如果没有终身学习的态度，还极有可能是"扣分项"。

譬如，我身边还有许多在企事业单位工作的同学，虽然他们的起点更高，但因为安于现状、不思进取，无

逆流而上

法做到"终身学习",很多人无法承受工作压力而辞职,然后一直处于半待业的状态,工作状态也是极不稳定。

我认为这些人都存在一个共同问题,即无法做到"终身学习",而无法做到"终身学习"的原因是他们缺少挫折的磨砺,总认为他们的身后"永远"都有人帮他们"兜底",所以他们无法通过终身学习来达成目标,提升自身的能力,"终身学习"的概念和要求是什么?下文将详细阐述。

我认为"终身学习"有两层意思。

第一层意思是,不管你目前是打工者还是创业者,在自己的岗位上,以及在创业的过程中需要不断学习,以确保自身能力和人才市场竞争力。

"终身学习"的第二层意思是,时刻保持"好奇心",不把自己封锁在"信息茧房"里,不排斥新事物、新思维。

那么,有没有具体的学习方式可供参考呢?

上文的分析中我提到,学习"职业"或"创业"以外的新知识,最佳的两个途径就是阅读和找到贵人指路。所以,关于"终身学习"的具体方法此处不再展开来讲,对这个话题感兴趣的读者,请往回翻看前面的内容。

结语
END

逆流而上，勇敢做自己

  本书的写作始于 2024 年年初，是我对人生上半场经验的总结。我相信，每一个认真读完本书的人，都能从我身上或多或少看到自己的"影子"，因为本书的写作全然依托于对自我的"解剖"，把我过去近 40 年的真实生活"赤裸裸"地展示在大家的面前，其中既有因爱财如命而忽略兴趣爱好和个人能力优势的各种"血淋淋"的教训，也有身为社会"底层"人员不断向上攀爬的小人物的奋斗经历，最后梳理出一条主要脉络就是："**坚决不做搬来主义者，不妄想复制粘贴他人的成功作为自己成长的标准和方向，选择做自己，勇敢做自己，才是在这个乱花渐欲迷人眼的时代能崭露头角的最佳路径**"，这也

逆流而上

是本书能够快速成稿的最主要前提,因为写的是自己的经历,做自己永远都是成事效率最高的一条路径。

勇敢地做自己,也是当下这个时代最佳的生存策略。为什么这样说呢?

从就业方面来说,勇敢做自己,才能更快地找到匹配自己的兴趣爱好和个人能力的工作,从而早日把"职业"干成"事业",以此来实现自我价值。

现在的就业环境不缺乏八面玲珑的打工者,为了上位不惜使用一切手段来讨好上级,很多打工者为了升职加薪甚至违背自己的初衷以获得上级的欢心,把上级领导的指示,作为自己做任何抉择时的标准,把升职加薪变成自己的职业目标。短时间来看,这类人可能在薪酬和职位上能获得一定的提升,但人生是一场马拉松,最终能获得成功的,一定是自身"耐力"比别人更胜一筹的人,而如何快速地挖掘自身能力和兴趣爱好是尤为重要的。

从现在开始,勇敢做自己,听从自己的内心,从自己的兴趣爱好和自身擅长的职业入手,在职场中训练和提升自己的能力,当你勇于在选择一份工作时,只要多听从自己内心的声音,你就能够更快地找到与自己兴趣

结语

爱好和自身能力所匹配的工作，并且最终能以一种更好的方式在职场中收获自己想要的一切。

按照兴趣爱好和自身能力优势选择的工作，你就不会敷衍了事，就有可能在岗位上十年如一日地认真做下去，这样一来，除了能够迅速提升你在职场中的专业技能，还能因为技能的明显提升而获得对应的物质回报。

按照兴趣爱好和自身能力优势选择的工作，一旦发现工作内容与抉择标准存在偏差，你能够及时止损，不至于在一份工作中让"天赋"被埋没太久，从而增加自己的沉没成本。因此，不管是基于人生价值的最佳实现路径，还是从财富积累的角度来做决定，敢于做自己，敢于按照自己的兴趣爱好和自身能力优势来选择工作，此路径都是最优选择，没有之一。

从创业方面来说，勇敢做自己，才能更快地找到与自身能力优势相匹配的创业领域，进而快速地赚取人生第一桶金，实现财富自由和时间自由，然后把时间都花费在美好的事物上面。

自 2016 年我自主创业以来，见证过许多从无到有，再从小到大，然后又从大到小、从小到无的企业。大部分成功的企业都是因为在一个恰当时机创业，抓住了行

逆流而上

业红利。但随着红利的消亡,创始人若无法深入耕耘该行业,掌握核心竞争力,最终企业只会走向灭亡。

另外,我又仔细研究了那些能穿越生命周期、最近10年内平均经营时长2.5年以上的企业,它们之所以能稳妥经营,除了是这些企业主本身的经营策略比较务实,更重要的是这些企业主都能对自身所处的行业深入耕耘,之所以能进行深入耕耘,跟企业创始人对该行业的兴趣爱好以及自身能力优势密不可分。

因为感兴趣,企业主愿意投入额外的成本对设备进行优化,愿意对已具备一定市场竞争力的产品进一步创新,以保证企业的产品能领先于市场和竞争对手,在行业红利消退时,企业依旧能占据一定市场份额。

一个企业主如果只是基于"经济效益"这一单一维度来做决策,就无法把企业经营得更为长久。

这个社会从不缺乏具有个人特色的人,但总是缺乏敢于向世界展示真实自我的人,愿我们都能在信息大爆炸时代,通过勇敢做自己,尽早地实现自我价值,不枉来人世间一趟。

——2024年3月9日写于广东东莞

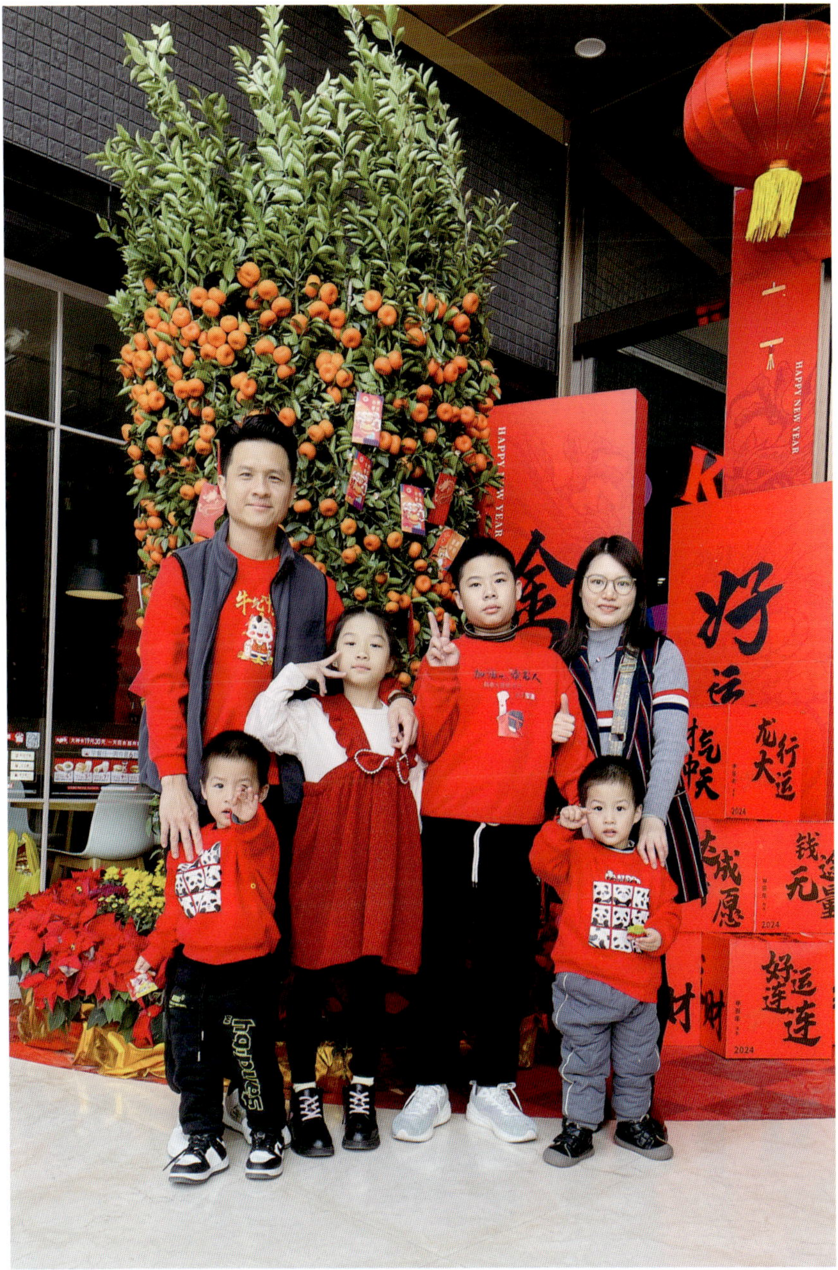
HAPPY NEW YEAR
HAPPY NEW YEAR
龙行大运
好运连连
2024